甜味剂安全性及在食品中的应用

主　编　陈君石

编　者（按姓氏笔画排序）

王　思　王　霜　王琼芳　文　焱
刘　虹　刘　锋　刘　静　李　欢
李　佳　李支霞　吴振萍　邹东旭
高　岩　唐　炜　彭　荣

人民卫生出版社
·北京·

图书在版编目（CIP）数据

甜味剂安全性及在食品中的应用 / 陈君石主编 . 一
北京：人民卫生出版社，2021.8
ISBN 978-7-117-31817-4

Ⅰ. ①甜…　Ⅱ. ①陈…　Ⅲ. ①甜味剂– 应用– 食品工
业　Ⅳ. ①TS202.3

中国版本图书馆 CIP 数据核字（2021）第 146180 号

人卫智网	www.ipmph.com	医学教育、学术、考试、健康， 购书智慧智能综合服务平台
人卫官网	www.pmph.com	人卫官方资讯发布平台

甜味剂安全性及在食品中的应用
Tianweiji Anquanxing ji zai Shipin zhong de Yingyong

主　　编：陈君石
出版发行：人民卫生出版社（中继线 010-59780011）
地　　址：北京市朝阳区潘家园南里 19 号
邮　　编：100021
E - mail：pmph @ pmph.com
购书热线：010-59787592　010-59787584　010-65264830
印　　刷：北京盛通印刷股份有限公司
经　　销：新华书店
开　　本：710×1000　1/16　印张：5
字　　数：92 千字
版　　次：2021 年 8 月第 1 版
印　　次：2021 年 9 月第 1 次印刷
标准书号：ISBN 978-7-117-31817-4
定　　价：38.00 元
打击盗版举报电话：010-59787491　E-mail：WQ @ pmph.com
质量问题联系电话：010-59787234　E-mail：zhiliang @ pmph.com

甜味是特定成分刺激味觉感受器后产生的一种愉悦反应。在许多食品和饮料中，甜味的可接受度和适口性是非常关键的指标。传统的食品和饮料是用蔗糖、蜂蜜、果葡糖浆等甜味原料来增甜，以提供完美口味的产品。然而，由于生活中可供人们选择的食品饮料丰富多样，无形中蔗糖等添加糖摄入过多，会导致能量摄入过多，从而引起肥胖及相关疾病的发病风险增加，因此越来越多的国家和国际组织建议减少添加糖的摄入。

随着世界卫生组织（WHO）等权威健康机构倡导"减糖"以预防慢性非传染性疾病，以及蔗糖等原料价格上涨的影响，食品行业需要寻找糖的替代品来降低食物及饮料中糖带来的额外的能量摄入和成本增加。使用代糖产品不仅仅出于对经济因素的考虑，更重要的是其能够提升产品的营养价值，这已经成为了产品创新的主要驱动力。

低/零卡甜味剂（low or non-caloric sweeteners，本书简称甜味剂）是一种能够赋予食物甜味但产生较少能量或不产生能量的一类食品添加剂，是替代糖的良好选择，也是未来产品开发的趋势。经过多年研究和广泛应用，大量证据表明用甜味剂有助于减少膳食中的能量摄入和添加糖的摄入，因此有助于短期体重管理；甜味剂不会引起血糖的快速上升，有助于糖尿病患者的血糖控制。此外，甜味剂在口腔中不会被细菌代谢，降低了龋齿的发病风险。甜味剂为食品行业提供了一种减少添加糖而又不牺牲甜味的解决方案。它们越来越多地被添加到各种各样的食品和饮料中，消费量在世界各国特别是亚太地区稳步上升。

常用的甜味剂有以下几类：

糖醇：如麦芽糖醇、山梨糖醇、甘露糖醇、赤藓糖醇、乳糖醇和木糖醇等。

人工甜味剂：如阿斯巴甜、三氯蔗糖、甜蜜素、安赛蜜和糖精等。

天然甜味剂：如甜菊糖苷、罗汉果提取物等。

不同类型的甜味剂的甜度、化学结构、货架期、稳定性、消化和代谢特性等又各有不同。

然而，由于一些有争议的科学研究和社交媒体的不准确报道，健康领域的专家和消费者对甜味剂的安全性还存在顾虑。实际上,甜味剂是目前研究最广泛的食品添加剂,许多国家和国际权威组织对其安全性进行了全面的风险评估。

本书提供了众多被广泛应用的甜味剂的关键信息,包括理化特性、安全性、健康益处、法规、在食品中的应用情况和重要参考文献资料,供有兴趣的读者继续深入学习。

编者

2021 年 3 月

目 录

第一章

糖　　醇

糖醇（多元醇或多羟基醇，sugar alcohol）是一类低卡路里、填充型甜味剂，是糖分子上的醛基或酮基被还原为羟基（羟基化）而形成的。天然的糖醇如山梨糖醇、甘露糖醇和木糖醇等主要存在于一些水果或蔬菜中。其他常见糖醇如麦芽糖醇，则主要通过将玉米、小麦或木薯淀粉中羰基键催化加氢而形成的。山梨糖醇、甘露糖醇和木糖醇也可以分别通过氢化葡萄糖、甘露糖和木糖而得到。

糖醇有液态（糖浆）和固态（结晶或粉末）两种产品形态，最早应用于牙膏等口腔护理产品，随后扩展到食品和医药领域，被用作代糖和适合糖尿病患者的产品。

在食品应用中，糖醇主要用作糖的替代品。相较于葡萄糖，它具有非发酵性，还具有缓慢消化和低能量的特性。糖醇被广泛应用于糖果（如各种软糖、硬糖和口香糖）、焙烤制品、饮料、乳制品等普通食品，以及面向糖尿患者和体重管理人群等的食品的开发中。

本章主要介绍常见的糖醇如麦芽糖醇、山梨糖醇、甘露糖醇、赤藓糖醇、乳糖醇和木糖醇的理化性质、法规管理及其在食品中的应用。

第一节　山梨糖醇

山梨糖醇（sorbitol）是低能量的填充型甜味剂，具有显著的清凉感、吸湿性和溶解性，且难以被口腔菌发酵，在人体中代谢缓慢。山梨糖醇在一些天然水果和蔬菜（如苹果和梨）中十分常见，在工业上主要是通过淀粉水解后催化加氢而制得，它是最早上市销售的糖醇之一，山梨糖醇有液体和粉体两种形态，首先被应用在牙膏等口腔护理产品中，随后被广泛地应用于多种食品、化妆品和药品中。在食品中可以作为糖的替代品，也可以作为保湿剂、冷冻保护剂等，应用在糖果、冰激凌和糕点中。

一、山梨糖醇的理化特性

（一）化学结构和来源

山梨糖醇,也叫 D- 葡萄糖醇,是一种六碳糖醇,分子结构为 $C_6H_{14}O_6$,结构式如图 1-1 所示。

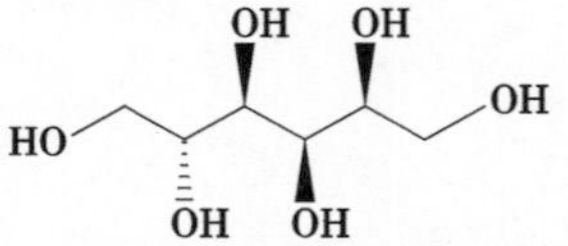

山梨糖醇

图 1-1　山梨糖醇的化学结构

山梨糖醇的名字来源于山梨浆果,于 1872 年首次从这种浆果中提取,山梨糖醇普遍存在于苹果、梨、桃子和李子等多种水果和其他植物中。工业上,山梨糖醇是由淀粉经酶水解产生的 D- 葡萄糖再经催化加氢而产生的,如图 1-2 所示。

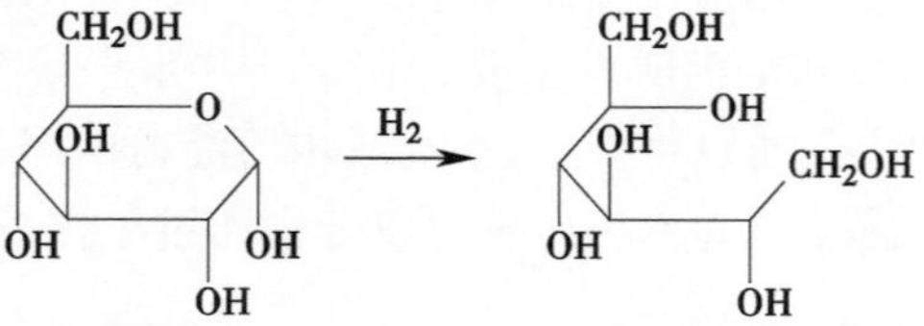

D- 葡萄糖　　　　　D-山梨糖醇

图 1-2　山梨糖醇的合成

（二）物理和化学性质

1. 甜度和能量

山梨糖醇的甜度约为蔗糖的 60%,1g 蔗糖可提供 4kcal（1kcal=4.185kJ）能量,而 1g 山梨糖醇可以提供的能量较少,约 2.4kcal。

2. 溶解性

溶解性是山梨糖醇作为蔗糖替代品的优良性质。如图 1-3 所示,在更低的温度下,如 15℃时,山梨糖醇的溶解度就高于其他多元醇和蔗糖。

3. 清凉感

清凉感源于溶解热,它是一种物质（糖或多元醇）溶于水（或唾液）时吸收热量所产生的。粉末物质颗粒越小,溶解速度越快,清凉感也越强。山梨糖醇具有非常显著的清凉感,对于需要有强烈的清凉感和良好的溶解度的产品（如清新口气的产品）配方,山梨糖醇是很好的选择。

4. 吸水性

吸水性是影响最终产品的生产工艺、贮存和保质期的一个关键因素。与其他糖醇相比,山梨糖醇的吸水性较强,在相对湿度为 65% 时开始吸水,如图 1-4 所示。这种特性使得山梨糖醇作为保湿剂可用于焙烤等多种食品中。

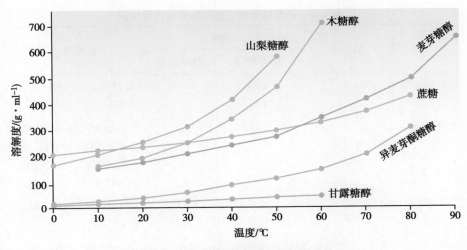

图 1-3　多元醇与蔗糖的溶解度对比

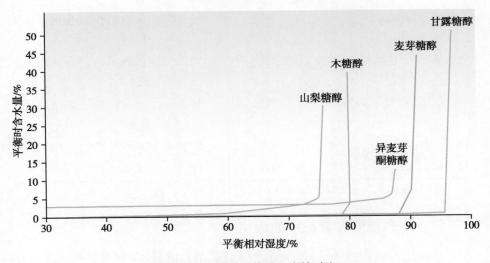

图 1-4　多元醇晶体的吸水性对比

5. 可压性

粉体山梨糖醇非常易于压缩,可以广泛应用于压片型产品中。不同颗粒大小的山梨糖醇会赋予片剂不同的硬度、表面光滑度和溶解时间。

(三)质量规格

山梨糖醇有固体和液体两种产品。《食品安全国家标准　食品添加剂　山梨糖醇和山梨糖醇液》(GB 1886.187—2016)对两种形态的山梨糖醇产品的质量规格分别进行了规定,其中包括的质量安全指标有:山梨糖醇含量、水分、还原糖、总糖、灼烧残渣、硫酸盐、氯化物、镍和铅。具体要求见表 1-1。

表 1-1　山梨糖醇和山梨糖醇液的理化指标

项　目	指标		检验方法
	山梨糖醇	山梨糖醇液	
山梨糖醇含量, w/%, ≥	91.0（以干基计）	50.0	GB 1886.187—2016 附录 A 中 A.3
水分, w/%, ≤	1.5	31.0	山梨糖醇: GB 5009.3 第二法或第四法（仲裁法） 山梨糖醇液: GB/T 6284* 或 GB 5009.3 第四法（仲裁法）
还原糖（以葡萄糖计）, w/%, ≤	0.3	0.21	GB 1886.187—2016 附录 A 中 A.4
总糖（以葡萄糖计）, w/%, ≤	4.4	8.0	GB 1886.187—2016 附录 A 中 A.5
灼烧残渣, w/%, ≤	0.1	0.1	GB 1886.187—2016 附录 A 中 A.6
硫酸盐（以 SO_4 计）, mg/kg, ≤	100	50	GB 1886.187—2016 附录 A 中 A.7
氯化物（以 Cl 计）, mg/kg, ≤	50	10	GB 1886.187—2016 附录 A 中 A.8
镍（Ni）, mg/kg, ≤	2.0	2.0	GB 5009.138
铅（Pb）, mg/kg, ≤	1.0	1.0	GB 5009.12

* 称取约 1g 试样, 精确至 0.000 2g, 于（120 ± 2）℃干燥 4h。

二、山梨糖醇在食品中的应用

为满足消费者对低能量、美味产品日益增长的需求, 糖醇已被广泛应用于糖果（口香糖、巧克力、压片糖果等）、烘焙产品、乳制品等食品中。

山梨糖醇不能被口腔中的微生物所利用, 有益于牙齿健康, 多年来被广泛应用于口香糖, 通常其山梨糖醇含量占 50%~55%。

结晶山梨糖醇压缩性能较强, 在压片糖果中应用广泛。不同颗粒度的山梨糖醇均可压片, 但需要平衡口感和加工时的流动性。大颗粒度山梨糖醇流动性和模具填充性较强, 但是制成的压片糖果口感较为粗糙; 细颗粒度山梨糖醇流动性较差, 但压成的产品口感丝滑。

山梨糖醇在溶解时吸热, 会带来冰凉的口感, 这也使得山梨糖醇在口香糖、直压无糖薄荷糖、口气清新片、刮舌片等糖果类产品中有很好的适口性。

山梨糖醇具有吸水性,也可作为保湿剂应用于烘焙产品、营养棒和谷物棒的生产,它可以保持产品适宜的水分活度,使产品在货架期内保持松软的口感。

山梨糖醇甜度较低,通常可以与其他高效甜味剂混合使用。

山梨糖醇也经常添加在冰激凌中,由于其可以降低冰激凌的冰点,使其具有柔软、丝滑的口感,当从冰柜中取出时,也可以很好地保持其形态,不易溶化。

第二节　甘露糖醇

甘露糖醇(mannitol)和山梨糖醇是同分异构体,它们的区别仅是碳 2 上羟基的位置不同。虽然结构相似,但这两种糖醇在来源、熔点和用途上大不相同。和山梨糖醇一样,甘露糖醇也是最早被用于食品中的"无糖"成分,其甜度约为蔗糖的 60%。甘露糖醇很难被小肠消化吸收,引起的血糖水平波动较小。甘露糖醇可以通过甘露糖还原反应得到,也存在于多种天然食物中,包括大部分的植物。

一、甘露糖醇的理化特性

(一)化学结构和来源

甘露糖醇的分子结构为 $C_6H_{14}O_6$,其结构式如图 1-5 所示。

甘露糖醇最初是从甘露结晶中分离出来的,相当于甘露蜜树中的甜味渗出物。它也可以在橄榄、无花果、落叶松汁、一些食用菌和昆布属植物中提取到。工业上甘露糖醇可由甘露糖直接加氢或果糖加氢生成,其中后者可同时生成山梨糖醇和甘露糖醇,这两种异构体的区别在于分子 2 号碳上的羟基位置略有不同,如图 1-6 所示。也可以用色谱法从山梨糖醇中分离出甘露糖醇。

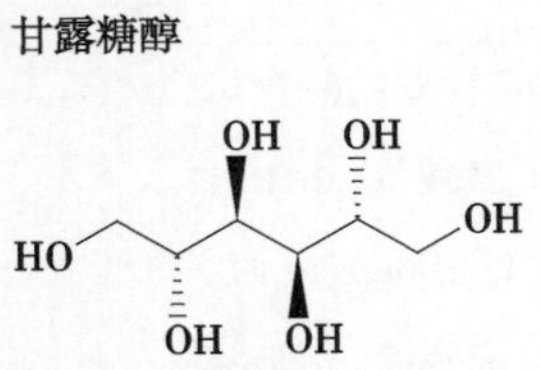

图 1-5　甘露糖醇的化学结构

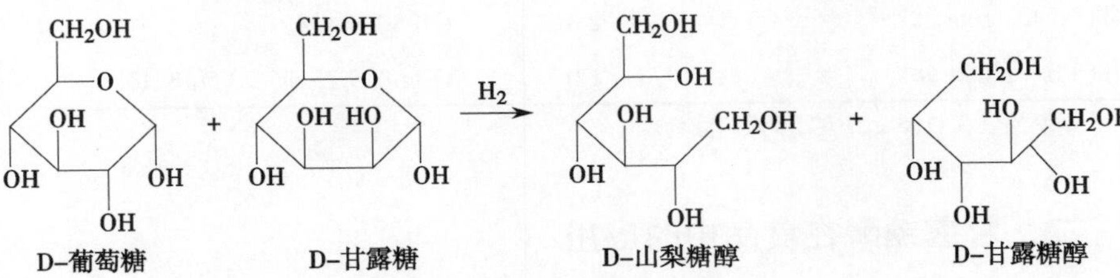

图 1-6　甘露糖醇的合成

（二）物理和化学性质

1. 甜度和能量

甘露糖醇与山梨糖醇的相对甜度相近，约为蔗糖的 60%，1g 蔗糖可提供 4kcal 能量，而 1g 甘露糖醇可以提供更少的能量，约 2.4kcal。

2. 溶解性

甘露糖醇比其他多元醇溶性差，结晶度好。在低浓度下，甘露糖醇常被用于生产结晶相的无糖糖果，如太妃糖或口香糖。

3. 清凉感

糖醇的溶解速度越快，清凉感越强。由于甘露糖醇的溶解性比山梨糖醇差，故其清凉感低于山梨糖醇。

4. 吸水性

甘露糖醇是多元醇中吸水性最小的，当相对湿度超过 90% 时，甘露糖醇开始吸水。这使得甘露糖醇的储存和运输很容易，在生产车间也不需要空调。

5. 可压性

甘露糖醇不具备可压性，但由于其良好的稳定性，经特殊工艺处理后可用于压片。

（三）质量规格

《食品安全国家标准 食品添加剂 D-甘露糖醇》（GB 1886.177—2016）对甘露糖醇的质量规格分别进行了规定，其中包括的质量安全指标有 D-甘露糖醇含量、干燥减量、pH、灼烧残渣、还原糖、镍和铅，具体指标详见表 1-2。

表 1-2 D-甘露糖醇的理化指标

项 目	指标	检 验 方 法
D-甘露糖醇含量，w/%	96.0~101.5	GB 1886.177—2016 附录 A 中 A.3
干燥减量，w/%，≤	1.5	GB 5009.3 直接干燥法 *
pH（100g/L 溶液）	4.0~7.5	GB/T 9724
灼烧残渣，w/%，≤	0.1	GB 1886.177—2016 附录 A 中 A.4
还原糖（以葡萄糖计），w/%，≤	0.3	GB 1886.177—2016 附录 A 中 A.5
镍（Ni），mg/kg，≤	2.0	GB 5009.138
铅（Pb），mg/kg，≤	1.0	GB 5009.75 或 GB 5009.12

* 干燥温度为（105±2）℃，干燥时间为 4h。

二、甘露糖醇在食品中的应用

甘露糖醇在糖类及糖醇中的吸水性最小，并具有爽口的甜味，用于麦芽糖、口香糖、年糕等食品的防粘，以及用作糕点的防粘粉。甘露糖醇流动性差、甜味持续时间较长，也可以直接用于口香糖和压片咀嚼糖的生产。

第三节　麦 芽 糖 醇

麦芽糖醇（maltitol）和麦芽糖醇液是由淀粉制得的麦芽糖通过氢化作用而产生的，它们作为第一批商用食品"无糖"成分，在欧美地区已经被应用了20多年，在日本的应用时间更久。麦芽糖醇是理想的代替蔗糖的产品，可以1∶1代替蔗糖，这归功于其高甜度（为蔗糖的90%），难以被口腔菌发酵，对血糖影响小，能量大约只有蔗糖的一半，且具有与蔗糖十分接近的特性，如结构、填充性、高溶解性、稳定性等。另外，通过其独特的直压技术，粉体麦芽糖醇被广泛应用于压片糖果中。

一、麦芽糖醇的理化特性

（一）化学结构和来源

麦芽糖醇，化学名称为 4-O-α-D- 葡萄糖基 -D- 葡糖醇，其化学结构如图 1-7 所示。

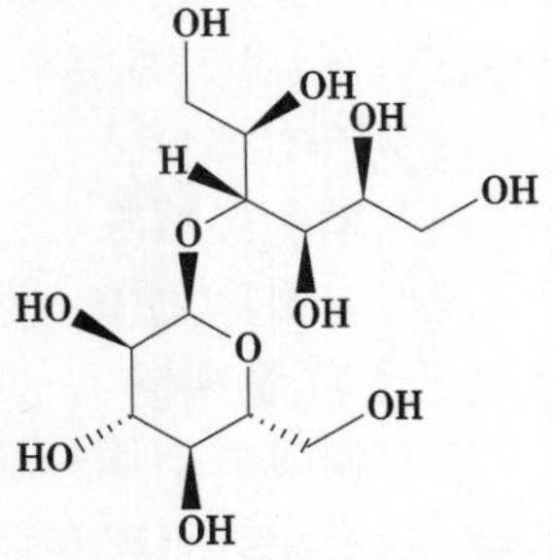

麦芽糖醇是由一分子山梨糖醇和一分子葡萄糖通过 α-1,4 糖苷键连接起来的二糖多元醇。工业上通过麦芽糖催化加氢制得，如图 1-8 所示。

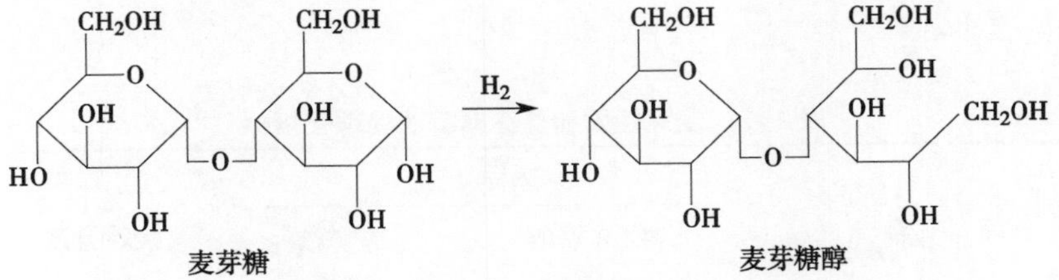

图 1-7　麦芽糖醇的化学结构

图 1-8　麦芽糖醇的合成

（二）物理和化学性质

1. 甜度和能量

麦芽糖醇的甜度与蔗糖近似，可以以 1∶1 的比例替代蔗糖。与其他多元醇相比，麦芽糖醇的相对甜度约为蔗糖的 90%，介于木糖醇（95%）和赤藓糖醇（70%）之间。此外，不同于人工合成的甜味剂在食用后会有不愉快的后味,麦芽糖醇具有纯正、干净、和谐的甜味。

1g 蔗糖可提供 4kcal 能量,而 1g 麦芽糖醇仅提供约 2.4kcal 的能量。

2. 溶解性

麦芽糖醇的溶解度曲线形状与蔗糖的溶解度曲线相似,属于易溶多元醇。正因如此,麦芽糖醇在许多食品(如饼干、蛋糕、糖衣口香糖等)的加工中能够很好地替代蔗糖。

3. 清凉感

大多数结晶形式的多元醇具有比蔗糖更高的清凉感,但麦芽糖醇的清凉感与蔗糖(−5.5kcal/g)最接近。当制作某些不需要清凉感的食品(如巧克力、牛奶和蛋糕)时,麦芽糖醇是很好的选择。

4. 吸水性

结晶麦芽糖醇在同等环境湿度下比蔗糖更稳定。蔗糖在 20℃、相对湿度大于 84% 时具有吸水性,而麦芽糖醇在 20℃、相对湿度为 90% 的环境中才具有吸水性。在无糖口香糖的生产过程中,麦芽糖醇可以在涂膜后产生酥脆的口感,此特性对于糖果非常有价值。

5. 可压性

麦芽糖醇经特殊工艺处理之后,可用于压片,因其稳定性好,更适用于各种功能性咀嚼片,质构清脆易咀嚼。

(三)质量规格

麦芽糖醇有固体和液体两种产品。《食品安全国家标准 食品添加剂 麦芽糖醇和麦芽糖醇液》(GB 28307—2012)对两种形态的麦芽糖醇产品的质量规格分别进行了规定,其中包括的质量安全指标有:麦芽糖醇含量、山梨醇、水分、还原糖、灼烧残渣、比旋光度、硫酸盐、氯化物、镍、总砷和铅,具体指标要求详见表 1-3。

表 1-3　麦芽糖醇和麦芽糖醇液的理化指标

项　　目	指标			检验方法
	麦芽糖醇		麦芽糖醇液	
	Ⅰ型	Ⅱ型		
麦芽糖醇含量(以干基计),w/%,≥	98.0	50.0	50.0	GB 28307—2012 附录 A 中 A.3
山梨醇(以干基计),w/%,≤	—	8.0	8.0	GB 28307—2012 附录 A 中 A.3
水分,w/%,≤	1.0	1.0	32.0	GB 28307—2012 附录 A 中 A.4

项　目	指标			检验方法
	麦芽糖醇		麦芽糖 醇液	
	Ⅰ型	Ⅱ型		
还原糖（以葡萄糖计）, w/%,≤	0.1	0.3	0.3	GB 28307—2012 附录 A 中 A.5
灼烧残渣, w/%,≤	0.1	0.1	0.1	GB 28307—2012 附录 A 中 A.6
比旋光度 α_m（20℃, D）, (°)·dm^2·kg^{-1}	+105.5~+108.5	—	—	GB 28307—2012 附录 A 中 A.7
硫酸盐（以 SO_4 计）, mg/kg, ≤	100	100	100	GB 28307—2012 附录 A 中 A.8
氯化物（以 Cl 计）, mg/kg, ≤	50	50	50	GB 28307—2012 附录 A 中 A.9
镍（以 Ni 计）, mg/kg, ≤	2	2	2	GB/T 5009.138 比色法
总砷（以 As 计）, mg/kg, ≤	3	3	—	GB/T 5009.11
铅（Pb）, mg/kg, ≤	1.0		1.0	GB 5009.12

二、麦芽糖醇在食品中的应用

麦芽糖醇在多种食品中被广泛用作保湿剂和甜味剂。

在口香糖中，麦芽糖醇不仅可以提供甜度，还能防止口香糖粘贴在包装纸上。近年来，麦芽糖醇也逐渐被用于生产压片糖果，由于其可以提供酥脆的口感，且稳定性较强，被广泛应用于咀嚼糖的生产。此外，麦芽糖醇代替薄荷糖中的蔗糖，难以被口腔菌发酵，有益牙齿健康，同时它还具有低能量、低血糖生成指数及低胰岛素应答的益处，有助于糖尿病患者和肥胖人群的健康。

麦芽糖醇应用于巧克力中，由于其具有低吸湿性、低清凉口感、较好的耐热性（200℃以上才会分解）、甜度高、风味一致性和稳定性，通常可以以 1:1 的比例替代巧克力中的蔗糖。一些研究显示，用聚葡萄糖和麦芽糖醇的混合物替代巧克力中的蔗糖，口感和流变性不变，同时还可以使能量降低 25%。Thabuis 等研究发现，麦芽糖醇牛奶巧克力棒与蔗糖牛奶巧克力棒感官属性一致，而儿童青少年更喜欢麦芽糖醇巧克力棒的气味、味道和甜味。此外，Son 等研究发现，添加麦芽糖醇的巧克力耐热性较强，可以延长巧克力产品的货架期。

在烘焙食品方面，Ghosh 等的一项综述中指出，麦芽糖醇烘焙食品与蔗糖烘焙食品（如饼干和蛋糕）的质构和口感特性一致。

用于冰激凌中，由于麦芽糖醇与蔗糖的特性（甜度、分子质量和冰点）相似，含有麦芽糖醇粉剂和麦芽糖醇液混合物的冰激凌，其固形物、凝固点与含蔗糖或葡萄糖糖浆的冰激凌十分近似。

Kadoya 等研究发现，麦芽糖醇对冻干蛋白有一定的保护作用，因此麦芽糖醇对冰激凌中牛奶蛋白也有一定的保护作用。此外，麦芽糖醇或麦芽糖醇液也可用于酸奶饮料和风味牛奶中。

第四节　赤　藓　糖　醇

赤藓糖醇（erythritol）是一种低热量的甜味剂，它是四碳糖醇。其甜度为蔗糖的 60%~80%，它不提供能量。

赤藓糖醇广泛存在于自然界中，在葡萄酒、清酒、啤酒、西瓜、梨、葡萄和酱油等多种食品中均可发现赤藓糖醇，其含量可达 0.13%（w/v）。人类在酵母菌和类酵母菌中首次观察到赤藓糖醇的存在。随着技术的进步，提高赤藓糖醇产量的方法层出不穷。

一、赤藓糖醇的理化特性

（一）化学结构和来源

赤藓糖醇的化学名称为 1，2，3，4- 丁四醇，其化学文摘服务注册号（CAS）为 149-32-6，其化学结构如图 1-9 所示。

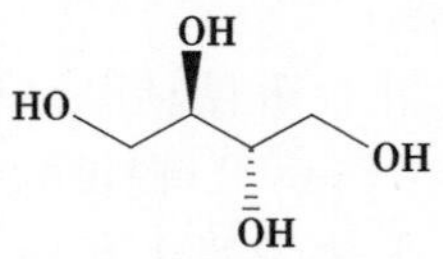

赤藓糖醇是以玉米或小麦淀粉为原料，经酶水解产生葡萄糖，再经安全适宜的食品级嗜高渗酵母菌（丛梗孢酵母或类丝孢酵母）发酵而成。

图 1-9　赤藓糖醇的化学结构

发酵后的液体汤经加热杀死微生物，用离子交换树脂进行结晶、洗涤、再溶解和纯化。通过超滤和再结晶进一步纯化赤藓糖醇溶液。当赤藓糖醇从发酵液中分离出来，即可经过纯化得到纯度超过 99% 的结晶产品。

（二）理化性质

赤藓糖醇具有以下特性：在酸性和碱性环境中稳定性较高、耐热性强、甜度接近蔗糖、相对蔗糖能量低、安全性好、不致龋性、血糖生成指数低、在食品生产中有填充作用。

（三）质量规格

《食品安全国家标准 食品添加剂 赤藓糖醇》（GB 26404—2011）规定，赤藓糖醇是葡萄糖经解脂假丝酵母（candida lipolytica）或丛梗孢酵母（moniliella pollinis）或类丝孢酵母（trichosporonoides megachiliensis）经发酵而得到的。其质量安全指标包括：赤藓糖醇含量、干燥减量、灼烧残渣、还原糖、核糖醇、丙三醇和铅，具体要求详见表1–4。

表1–4 赤藓糖醇的理化指标

项 目	指标	检 验 方 法
赤藓糖醇（以 $C_4H_{10}O_4$ 计，以干基计），w/%	99.5~100.5	GB 256404—2011 附录 A 中 A.3
干燥减量，w/%，≤	0.2	GB 5009.3 直接干燥法*
灼烧残渣，w/%，≤	0.1	GB 256404—2011 附录 A 中 A.4
还原糖（以葡萄糖计），w/%，≤	0.3	GB 256404—2011 附录 A 中 A.5
核糖醇和丙三醇（以干基计），w/%，≤	0.1	GB 256404—2011 附录 A 中 A.6
铅（Pb），mg/kg，≤	1	GB 5009.12

* 干燥温度和时间分别为 105℃和 4h。

二、赤藓糖醇在食品中的应用

1852 年，赤藓糖醇首次被分离出来。直到 1990 年，赤藓糖醇在日本市场上作为天然甜味剂开始面市。在食品中，赤藓糖醇被用作甜味剂，对食品感官特性的修饰作用非常重要，可以强化甜味、改善口感和掩盖异味，用于平衡产品的感官特性，如口味、质地，主要用在无蔗糖、少糖或无糖等产品中；作为蔗糖替代品，应用于餐桌甜味剂、饮料、口香糖、巧克力、糖果及烘焙食品中。

此外，赤藓糖醇的晶体结构和密度与蔗糖相似，不吸湿，作为载体具有良好的流动性和稳定性。

第五节 乳 糖 醇

乳糖醇（lactitol）是一种低热量的甜味剂，它是由一分子半乳糖及一分子山梨糖醇组成的二糖多元醇。乳糖醇的甜度是蔗糖的 40%，热量约为蔗糖的一半。

乳糖醇在天然产物中并不存在，它是在 1920 年被法国食品化学家 J. B. Senderens 发现的。现今所用的乳糖醇主要是由脱脂乳制得乳糖，然后经还原反应后精制纯化而得到的。

乳糖醇有类似蔗糖样的口感同时又有一种清爽香滑的感觉,并且在口腔中无余味残留。由于其性质与蔗糖比较相近,可以在较短时间内开发出无糖或其他低能量的加工食品。乳糖醇适用于许多食品,例如烘焙食品、涂糖衣的糖果及冷冻含乳甜食等。

一、乳糖醇的理化特性

（一）化学结构和来源

乳糖醇是十二碳糖醇,可由乳糖经催化氢化制得。乳糖醇的化学式是 4-O-β-D-吡喃半乳糖-D-山梨醇,其分子式为 $C_{12}H_{24}O_{11}$,分子量为 344.32。结晶的乳糖醇主要有两种形式:无水乳糖醇和一水合乳糖醇,另有一种乳糖醇商品是乳糖醇含量为 54% 的乳糖醇溶液。

乳糖醇化学结构式如图 1-10 所示。

乳糖醇是由乳糖在镍催化下加氢制得,氢化水溶液经过滤后,通过离子交换树脂和活性炭进行提纯,再经浓缩后即可结晶析出乳糖醇晶体。根据结晶条件的不同,乳糖醇有无水、单水化合物和双水化合物三种。主要制备工艺流程如图 1-11 所示。

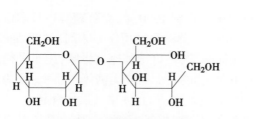

图 1-10　乳糖醇的化学结构

图 1-11　乳糖醇的制备流程

（二）物理和化学性质

乳糖醇为无味的流动性很好的白色结晶或结晶状粉末。一般的商品形式为单水乳糖醇及无水乳糖醇。乳糖醇有清爽明快的甜味,类似于蔗糖,其甜度为蔗糖的 40%,乳糖醇的吸湿率很低,在水中溶解性好。乳糖醇带有 9 个羟基,可与脂肪酸发生酯化作用,因此可用作乳化剂。乳糖醇比乳糖要稳定得多。

（三）质量规格

《食品安全国家标准　食品添加剂　乳糖醇》(GB 1886.98—2016)对乳糖醇的质量规格进行了规定,其中包括的质量安全指标有:乳糖醇含量、水分、硫酸盐、氯化物、灼烧残渣、其他多元醇、还原糖、镍和铅,具体指标要求详见表 1-5。

表 1-5 乳糖醇的理化指标

项 目		指标	检验方法
乳糖醇（以干基计），w/%		95.0~102.0	GB 1886.98—2016 附录 A 中 A.3
水分	结晶粉末，≤	10.5	GB 5009.3 卡尔·费体法
	液体，≤	31.0	
氯化物（以干基计），mg/kg，≤		100.0	GB 1886.98—2016 附录 A 中 A.4
硫酸盐（以干基计），mg/kg，≤		200.0	GB 1886.98—2016 附录 A 中 A.5
灼烧残渣，w/%，≤		0.1	GB 1886.98—2016 附录 A 中 A.6
其他多元醇（以干基计），w/%，≤		2.5	GB 1886.98—2016 附录 A 中 A.3
还原糖，w/%，≤		0.1	GB 1886.98—2016 附录 A 中 A.7
镍（Ni），mg/kg，≤		2.0	GB 1886.98—2016 附录 A 中 A.8
铅（Pb），mg/kg，≤		1.0	GB 5009.12

二、乳糖醇在食品中的应用

乳糖醇是双糖醇，与蔗糖的结构非常相似，其物理特性和加工特性也与蔗糖类似。因此，它能 1∶1 取代蔗糖，用以生产低糖或无糖食品，包括：巧克力、烘焙食品、口香糖、糖果、冰激凌、冷冻甜点及片剂产品。无水乳糖醇常用于无糖或低糖巧克力中。在焙烤食品中添加乳糖醇，可生产低能量及无蔗糖配方的产品。乳糖醇可以完全取代蔗糖，而不会改变产品的感官特性。同时，由于乳糖醇具有低吸湿性，在饼干等食品中使用时，也可以避免其他甜味剂可能引起的产品脆性下降的问题。乳糖醇可以用于无糖口香糖及其他胶基糖果的生产中。其低吸湿性还有助于延长产品的货架期并防止沙化。乳糖醇还可用于生产低能量糖果及适合糖尿患者食用的糖果，诸如硬糖、太妃糖。乳糖醇具有同蔗糖一样的冰点，可以代替蔗糖用于冰激凌及冷冻甜点。其次，乳糖醇还是做片剂产品的理想原料，比蔗糖更为稳定，从而可延长产品的货价期并最大限度地保证有效成分的活性。乳糖醇具有非致龋性，特别适于儿童无糖片剂产品如维生素片的生产。

第六节 木 糖 醇

木糖醇（xylitol）是一种具有营养价值的甜味物质，其本身也是人体正常糖类代谢的中间体。木糖醇的甜度与蔗糖接近，热量较低，比一般蔗糖少

40% 左右。

在自然界中,木糖醇广泛存在于各种水果、蔬菜、谷类之中,但含量很低。商品化的木糖醇主要是将桦木、玉米芯和甘蔗渣等原料进行深加工而制得。

木糖醇在全球已有超过三十年的安全使用历史,并被世界各国广泛批准使用在食品、口腔卫生产品、药品和化妆品中。木糖醇的功效性尤其是作为具有独特抗龋作用的甜味剂已被广泛用于无糖口香糖中,木糖醇口香糖已成为了无糖口香糖的代名词。

一、木糖醇的理化特性

(一)化学结构和来源

木糖醇是一种天然存在的五碳糖醇,CAS 号为 87-99-0,欧洲已存在商业化学物品目录号(EINECS 号)为 201-788-0,分子式为 $C_5H_{12}O_5$,相对分子量为 152.15,化学结构式如图 1-12 所示。

木糖醇存在于许多水果和蔬菜中,甚至人体糖类代谢中也能产生木糖醇。1891 年,Fischer 和 Stahel 首次发现了木糖醇。商品化生产的木糖醇是将木聚糖水解生成木糖、然后将木糖催化加氢和结晶转化而得的,主要原料有桦木、杏仁壳、玉米芯等。主要生产工艺流程如图 1-13 所示。

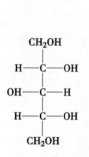

图 1-12 木糖醇的化学结构

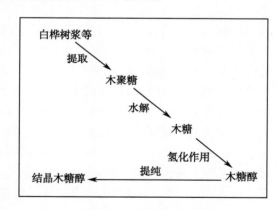

图 1-13 木糖醇的制备

(二)物理和化学性质

木糖醇是一种甜味的白色结晶粉末状物质,甜度与蔗糖十分相近,能量值仅为 11.7~12.1kJ/g,比蔗糖低 40%。木糖醇在水中溶解度很大,极易溶于水,每毫升水可溶解 1.6g 木糖醇,微溶于乙醇和甲醇。木糖醇的热稳定性好,10% 的水溶液的 pH 值为 5~7,不与可溶性氨基化合物发生美拉德反应。木糖醇溶于水中会吸收很多能量,是所有糖醇甜味剂中吸热值最大的一种,食用

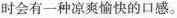

时会有一种凉爽愉快的口感。

（三）质量规格

《食品安全国家标准 食品添加剂 木糖醇》（GB 1886.234—2016）对木糖醇的质量规格进行了规定,其中包括的质量安全指标有:木糖醇含量、干燥减量、灼烧残渣、还原糖、其他多元醇、镍、总砷和铅,具体指标要求详见表1-6。

表1-6　木糖醇的理化指标

项　目	指标	检 验 方 法
木糖醇含量（以干基计）, w/%	98.5~101.0	GB 1886.234—2016 附录 A 中 A.3
干燥减量, w/%, ≤	0.50	GB 5009.3 减压干燥法*
灼烧残渣, w/%, ≤	0.10	GB 1886.234—2016 附录 A 中 A.4
还原糖（以葡萄糖计）, w/%, ≤	0.20	GB 1886.234—2016 附录 A 中 A.5
其他多元醇, w/%, ≤	1.0	GB 1886.234—2016 附录 A 中 A.3
镍（Ni）, mg/kg, ≤	1.0	GB 5009.138
铅（Pb）, mg/kg, ≤	1	GB 5009.12
总砷（以 As 计）, mg/kg, ≤	3.0	GB 5009.11

*称样量约为1g。

二、木糖醇在食品中的应用

木糖醇具有强烈而独特的凉爽效果,与蔗糖甜度相近,其独特的抗龋齿功能,使之成为片状或粒状无糖口香糖的理想成分。木糖醇口香糖比其他多元醇口香糖或泡泡糖更柔软、更有弹性。

应用木糖醇,无糖糖果产品可以做到口味好、能量低且与传统含蔗糖的同类产品等质或更优质。木糖醇能有效地与其他甜味剂和低能量填充剂（如聚葡萄糖）混合使用,以生产各种无糖或低糖的糖果,包括口香糖、硬糖、阿拉伯胶软糖、明胶软糖、果胶软糖、乳脂软糖、巧克力及含片。木糖醇具有良好的溶解度和可控的结晶性,特别适用于无糖硬质糖的糖衣涂层。用木糖醇的硬质糖衣比其他无糖糖衣材料操作起来更快速。用木糖醇做硬质糖衣,具有更高甜度和强烈凉爽的效果。因此,木糖醇是一种生产良好口感、无糖硬质糖衣的理想材料。

由于木糖醇具有独特的甜度和凉爽特性,经常被用于生产咀嚼片。其次,木糖醇可以替代蔗糖,作为无糖食品的配料,按生产需求适量应用于各种无糖配方食品中。如木糖醇糕点、木糖醇酸奶、木糖醇汤圆等。

第七节　糖醇的法规概况

一、批准和使用情况

（一）国际食品法典委员会

国际食品法典委员会（Codex Alimentarius Commission，CAC）已批准山梨糖醇和山梨糖醇液、麦芽糖醇和麦芽糖醇液、甘露糖醇、赤藓糖醇、乳糖醇及木糖醇作为食品添加剂使用。《食品添加剂通用法典标准》（CODEX STAN 192—1995）对于这些糖醇的功能、使用范围和最大使用量等进行了规定。

（二）中国

山梨糖醇和山梨糖醇液、麦芽糖醇和麦芽糖醇液、甘露糖醇、赤藓糖醇、乳糖醇和木糖醇在中国都被批准为食品添加剂，《国家食品安全标准食品添加剂使用标准》（GB 2760—2014）和国家卫生健康委员会发布的官方通告对这些糖醇的功能、使用范围和最大使用量等进行了规定。

（三）美国

根据《美国联邦法规》（Code of Federal Regulations，CFR）第 21 篇的规定，山梨糖醇（第 184.1835 节）、乳糖醇是一般公认安全（generally recognized as safe，GRAS）的物质，允许在特定的食品类别中使用，并规定了其功能、使用范围和使用量。麦芽糖醇是自我认定的 GRAS 物质。木糖醇（第 172.395 节）、甘露糖醇（第 180.25 节）则被批准作为食品添加剂，它们的功能、使用范围和使用量须符合《美国联邦法规》第 21 篇相应章节的规定。赤藓糖醇是 GRAS 公告的物质，允许在特定的食品类别中使用。

（四）欧盟

山梨糖醇、麦芽糖醇、甘露糖醇、赤藓糖醇、乳糖醇和木糖醇被批准作为食品添加剂和次级添加剂使用，其使用范围和最大使用量需遵循欧盟法规（EC）第 1333/2008 号中的规定。

（五）澳大利亚和新西兰

山梨糖醇、麦芽糖醇、甘露糖醇、赤藓糖醇、乳糖醇和木糖醇被批准作为食品添加剂使用，根据《食品标准法典》附录 16 中的规定，在各类普通食品中可以按生产需要适量使用。

（六）其他国家或地区

在墨西哥、泰国、新加坡，糖醇被广泛批准为食品添加剂，在所有食品生产中可以根据生产需要适量使用。在部分国家或地区，如韩国、中国台湾和马来西亚,禁止在婴幼儿食品中添加糖醇。在日本,麦芽糖醇和赤藓糖醇按照食品原料进行管理,日本未对其使用做出限制性规定,除麦芽糖醇和赤藓糖醇以外的糖醇被批准作为食品添加剂使用。

二、健康声称

(一)国际食品法典委员会

《营养和健康声称使用指南(2013修订版)》(CAC/GL 23—1997)是国际食品法典委员会制定的食品声称使用指南。指南中对多元醇的健康声称并未做出特殊规定,但规定了健康声称的一般原则,例如:健康声称必须基于科学证据;任何功能声称均须经销售所在国行政管理部门的批准或认可。

(二)中国

根据《〈预包装食品营养标签通则〉(GB 28050—2011)问答》第24条,山梨糖醇、麦芽糖醇、甘露糖醇、乳糖醇和木糖醇的能量转换系数为10kJ/g,赤藓糖醇的能量转换系数为0kJ/g。中国没有批准有关多元醇的健康声称。

(三)美国

《美国联邦法规》第21篇第101.9条关于食物营养标签规定中指出,山梨糖醇、麦芽糖醇、甘露糖醇、乳糖醇和木糖醇的能量值为2.6kcal/g,赤藓糖醇的能量值为0kcal/g。当食物中含有多元醇,在标签上标示声称或标示多元醇、总糖或添加糖时,需要标示出多元醇的含量。除此之外,生产商可自愿在标签上标示每份产品中多元醇的克数。

美国《美国联邦法规》第21篇第101.80节是关于膳食用抗龋齿的碳水化合物甜味剂的健康声称(health claims: dietary noncariogenic carbohydrate sweeteners and dental caries),其中描述了糖醇是膳食用抗龋齿的碳水化合物甜味剂,可以用于口香糖和糖果产品中作为糖的替代品。法规中指出,在满足《美国联邦法规》第21篇第101.14节(健康声称:一般要求)规定第6段多元醇豁免声称的条件下,进行"无糖""不含糖""零糖含量""可忽略的糖"或"不重要的糖来源"声称的食物,可以对非致龋性碳水化合物甜味剂和其他碳水化合物进行比较声称,并声称非致龋性碳水化合物甜味剂不会导致龋齿。

在美国,联邦法规中关于两种类型的健康声称(完全声称和简化声称)例子描述如下:

完全声称举例:

——频繁摄取高糖和高淀粉含量的餐间零食会导致蛀牙。用糖醇(糖醇的具体名称)作为甜味剂可以降低龋齿的发生风险。

——在每餐之间频繁摄取高糖和高淀粉含量的食品会导致蛀牙。食品中的糖醇(糖醇的具体名称)不会引起龋齿。

简化声称（适用于小包装）举例：

——不会导致龋齿。

——可能降低龋齿发生的风险。

（四）欧盟

欧盟食品标签管理法规 Regulation（EU）No 1169/2011 附录XIV中指出，山梨糖醇、麦芽糖醇、甘露糖醇、乳糖醇和木糖醇的能量转换系数为 10kJ/g 或 2.4kcal/g，赤藓糖醇的能量转换系数为 0kJ/g 或 0kcal/g。欧盟法规 Regulation（EU）No 432/2012 中列出了已批准的食物的健康声称，降低疾病和儿童发育健康风险的健康声称除外。在降低疾病和儿童发育健康风险的健康声称中，多元醇被作为糖替代品，其批准的健康声称如表 1–7 所示。

表 1–7　欧盟对糖醇声称的管理条例

营养素、营养物质，食品或食品分类	声　　称	使用声称的条件／使用限制
糖替代品，例如：高倍甜味剂、木糖醇、山梨糖醇、甘露糖醇、麦芽糖醇、乳糖醇、异麦芽酮糖醇、赤藓糖醇、三氯蔗糖、聚葡萄糖、D–塔格糖和异麦芽酮糖	与添加了蔗糖的食品／饮料相比，食用添加了（糖替代品的名称）的食品／饮料后血糖升高的水平较低	在食品或饮料中应使用糖替代品代替蔗糖，例如：高倍甜味剂、木糖醇、山梨糖醇、甘露糖醇、麦芽糖醇、乳糖醇、异麦芽酮糖醇、赤藓糖醇、三氯蔗糖或聚葡萄糖，或它们的复合产品，食品或饮料中蔗糖所减少的量应至少符合法规（EC）1924/2006 附件中列出的声称"减少（营养素的名称）"的量
糖替代品，例如：高倍甜味剂、木糖醇、山梨糖醇、甘露糖醇、麦芽糖醇、乳糖醇、异麦芽酮糖醇、赤藓糖醇、三氯蔗糖、聚葡萄糖、D–塔格糖和异麦芽酮糖	与添加了蔗糖的食品／饮料相比，食用添加了（糖替代品的名称）的食品／饮料更有助于维护牙齿的矿化	在（使牙菌斑 pH 低于 5.7 的）食品或饮料中应使用糖替代品代替蔗糖，例如：高倍甜味剂、木糖醇、山梨糖醇、甘露糖醇、麦芽糖醇、乳糖醇、异麦芽酮糖醇、赤藓糖醇、D–塔格糖、异麦芽酮糖、三氯蔗糖或聚葡萄糖，或它们的复合产品，所用量应能保证在饮食后最长 30 分钟内牙菌斑的 pH 值不会低于 5.7

此外，欧盟在 2015 年 9 月批准了乳糖醇的健康声称申请，一般成年人每天食用 10g 乳糖醇时，可声称"乳糖醇有助于人体正常排便"。欧盟法规

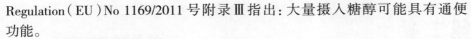

Regulation（EU）No 1169/2011 号附录Ⅲ指出：大量摄入糖醇可能具有通便功能。

（五）澳大利亚和新西兰

根据《食品标准法典》的规定，当食品中含有糖醇且符合"不添加糖"的声称条件时，就可以声称"无糖"。"不添加糖"的声称条件有两个：

第一，食品中不添加糖类（指单糖和双糖，以及六碳塘，包括葡萄糖、果糖、蔗糖和乳糖、淀粉水解物、葡萄糖浆、麦芽糊精和类似产品、由炼糖厂生产的如红糖和糖蜜、糖粉、转化糖及水果糖浆，但不包含麦芽、麦芽提取物或山梨糖醇、甘露糖醇、丙三醇、木糖醇、聚葡萄糖、异麦芽酮糖醇、麦芽糖醇、麦芽糖醇液、赤藓糖醇或乳糖醇），蜂蜜。

第二，食品中不添加浓缩果汁或去离子果汁，除非食品类别属于酿造软饮料、电解质饮料、电解质饮料的基底、混合果汁、配方饮料、果汁、水果饮品、蔬菜汁、矿物质水或矿泉水、非酒精饮料。

第二章

人工甜味剂

甜味剂种类较多,按来源可分为人工合成甜味剂(artificial sweeteners)和天然甜味剂(natural sweeteners)。目前我国允许使用的人工合成甜味剂按结构可分为三类,包括二肽类、磺胺类和蔗糖衍生物。其中,二肽类有阿斯巴甜等,磺胺类的代表有甜蜜素、安赛蜜和糖精,三氯蔗糖为蔗糖衍生物。

第一节　阿　斯　巴　甜

阿斯巴甜(aspartame)是一种低能量的甜味剂,它的组成包括由两种氨基酸组成的甲酯,天冬氨酸和苯丙氨酸。每克阿斯巴甜的能量与蔗糖相同,但它的甜度是蔗糖的 160~220 倍,因此达到相同甜度所需的量极少,其提供的能量可以忽略不计。

1965 年,塞尔研究实验室的科学家詹姆斯·施莱特偶然发现了阿斯巴甜,当时一种溶液溅到了他的手上,他注意到它有一种强烈的甜味。

阿斯巴甜在食品和饮料中的使用始于 1981 年,当时阿斯巴甜首次被美国食品和药物管理局(U. S. Food and Drug Admistitration,FDA)批准用于特定用途。这项批准在 1983 年扩大到碳酸饮料和其他食品,并在 1996 年被推广为通用甜味剂。如今,阿斯巴甜已在全球 100 多个国家获得批准。它被用于成千上万种食物和饮料中,从软饮料,到冷冻甜点,再到餐桌甜味剂。但它容易在高温下失去稳定性和甜味,所以并不能在需要高温和长时间加热的食品如烘烤的食品中使用。

一、阿斯巴甜的理化特性

(一)化学结构和来源

阿斯巴甜是一种白色无味的晶体分子,其结构十分简单,是一种含有 2 种氨基酸的二肽甲酯,如图 2-1 所示。广泛存在于水果、蔬菜、坚果和乳制品中,这两种氨基酸为 L- 天冬氨酸和 L- 苯丙氨酸。

　　阿斯巴甜的合成方法已经被众多专利披露,但许多细节都是非公开的。目前商业上主要有两种合成方法。在化学合成中,天冬氨酸的两个羧基被加入到一个酸酐中,氨基通过将其转化为一个不会干扰下一步反应的官能团而得到保护。

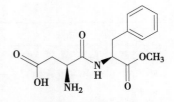

图 2-1　阿斯巴甜的化学结构

苯丙氨酸转化为甲酯,与 N- 保护的天门冬氨酸酐结合;然后通过酸水解将保护基从天门冬氨酸氮中去除。这种方法的缺点是当天门冬氨酸羧基错误地与苯丙氨酸链接时会产生有苦味的 β 型副产品。在该合成过程中加入嗜热蛋白溶解杆菌酶可催化氨基酸缩合,会产生高收益而无副产品。而另外一种方法则为使用未经修饰的天冬氨酸,但产量较低,尚未在商业上使用。此外,人们还尝试了采用酶法直接生产天门冬氨酰苯基丙氨酸,然后进行化学甲基化,但没有形成工业化生产的规模。

(二)物理和化学性质

　　阿斯巴甜每克的能量与蔗糖相同,但它的甜度是蔗糖的 160~220 倍,因此达到相同甜度所需的量极少,其提供的能量可以忽略不计。阿斯巴甜在高温或高 pH 值情形下会水解,因此不适用于需高温烘焙的食品。

(三)质量规格

　　《食品安全国家标准　食品添加剂　天门冬酰苯丙氨酸甲酯(又名阿斯巴甜)》(GB 1886.47—2016)适用于通过 L- 苯丙氨酸、L- 天冬氨酸等反应制得的食品添加剂天门冬酰苯丙氨酸甲酯(又名阿斯巴甜),其理化指标需满足表 2-1 的要求。

表 2-1　天门冬酰苯丙氨酸甲酯(阿斯巴甜)的理化指标

项　目	指标	检 验 方 法
天门冬酰苯丙氨酸甲酯含量(以干基计), w/%	98.0~102.0	GB 1886.47—2016 附录 A 中 A.3
比旋光度 α_m(20 ℃, D), (°)·dm^2·kg^{-1}	+14.5°~+16.5°	GB 1886.47—2016 附录 A 中 A.4
透光率, ≥	0.95	GB 1886.47—2016 附录 A 中 A.5
pH 值	4.5~6.0	GB 1886.47—2016 附录 A 中 A.6
干燥失重, w/%, ≤	4.5	GB 5009.3[*]
灼烧残渣, w/%, ≤	0.2	GB 5009.4
铅(Pb), mg/kg, ≤	1.0	GB 5009.75

续表

项　　目	指标	检 验 方 法
5-苄基-3,6-二氧-2-哌嗪乙酸(BDPA)质量分数,w/%,≤	1.5	GB 1886.47—2016 附录 A 中 A.7
其他相关物质分数,w/%,≤	2.0	GB 1886.47—2016 附录 A 中 A.8

* 干燥温度为(105±2)℃,干燥时间为4h。

二、阿斯巴甜的批准和使用情况

(一)国际食品法典委员会

国际食品法典委员会(CAC)批准阿斯巴甜作为食品添加剂使用。《食品添加剂通用法典标准》(CODEX STAN 192—1995)对于阿斯巴甜的功能、使用范围和最大使用量等进行了规范。

(二)中国

阿斯巴甜被批准作为食品添加剂使用。《国家食品安全标准 食品添加剂使用标准》(GB 2760—2014)和国家卫生健康委员会发布的官方通告对阿斯巴甜的功能、使用范围和最大使用量等进行了规定。

(三)美国

根据第21项联邦管理法规第172.904节的规定,阿斯巴甜是一种一般公认安全(GRAS)的物质,允许在特定的食品类别中使用,该法规还规定了其功能、使用范围和使用量。

(四)欧盟

阿斯巴甜被批准作为食品添加剂使用,使用范围和最大使用量需遵循法规 Regulation(EC)No 1333/2008 中的规定。

(五)澳大利亚和新西兰

阿斯巴甜被批准作为食品添加剂使用,根据《食品标准法典》标准附录16中的规定,使用量可以按生产需要适量使用。

(六)其他国家或地区

在日本、韩国、中国台湾、巴西、加拿大等地,阿斯巴甜被广泛批准为食品添加剂使用。

三、阿斯巴甜在食品中的应用

阿斯巴甜稳定性较强,在软饮料和干制产品(如餐桌甜味剂、粉末状饮料)中应用较多,其次是在糖果、乳制品、干预混料等产品中也有广泛的应用。

阿斯巴甜具有一定的耐热性,可以耐受乳制品和果汁加热、无菌处理等工艺过程中的短时间高温和超高温条件。但是在某些过热条件下,阿斯巴甜可能会发生水解或环化,这限制了阿斯巴甜的应用范围。阿斯巴甜可接受甜度范围很广。由于 pH 值、水分和温度的影响,部分阿斯巴甜会逐渐发生降解,导致可感知到的甜味逐渐丧失;但降解过程中不会产生异味,因为阿斯巴甜的转化物是无味的。传统食品和饮料产品中,添加的是单一甜味剂,当单一甜味剂无法实现需要的甜味时,就需要使用混合甜味剂。阿斯巴甜与其他甜味剂(包括蔗糖)混合使用效果很好。阿斯巴甜的增味特性掩盖了苦味,即使其甜味在次于最甜的水平上,阿斯巴甜也是那些口味复杂或可能不受欢迎的甜味剂的理想搭档。

第二节　三　氯　蔗　糖

三氯蔗糖(sucralose)是近年来食品工业生产的一种新型高效甜味剂。三氯蔗糖是由蔗糖经化学修饰而成的一种独特的糖,这种化学修饰可以增强蔗糖的甜度,保持令人愉悦的糖的味道,并生成非常稳定的分子结构。它的甜度大约是蔗糖的 600 倍。

三氯蔗糖是 1976 年在泰莱和伦敦大学伊丽莎白皇后学院的一个合作研究项目中被发现的,该项目旨在发现低能量甜味剂。

1991 年,加拿大首先批准了这种甜味剂,随后澳大利亚、新西兰和美国分别于 1993 年、1996 年和 1999 年批准了三氯蔗糖的使用。如今,三氯蔗糖已被批准用于食品和饮料,或作为餐桌甜味剂在 80 多个国家使用。三氯蔗糖是一种用途广泛的低能量甜味剂,并且在高温下具有良好的稳定性,在烹饪或烘烤后仍能保持原有风味。

一、三氯蔗糖的理化特性

(一)化学结构和来源

结构上,三氯蔗糖与蔗糖相似,由蔗糖通过氯取代 4,1' 和 6' 位的羟基而产生,如图 2-2 所示。三氯蔗糖的化学名称是 1,6- 二氯 -1,6- 双脱氧 -b-D- 果糖呋喃酰基 4- 氯 -4- 脱氧 -a-d 半乳糖苷。三氯蔗糖也被称为 4,1',6'- 三氯半乳糖和三氯蔗糖。根据欧盟食品添加剂编号系统,三氯蔗糖的编号为 E955。

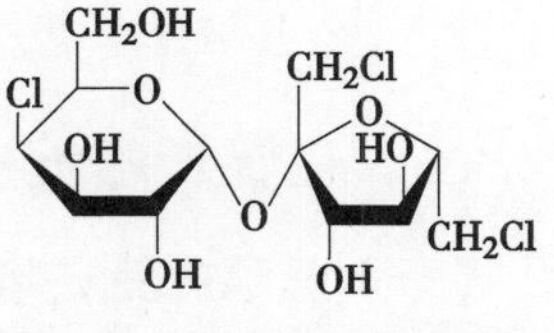

图 2-2　三氯蔗糖的化学结构

三氯蔗糖是 Tate & Tyle 公司于 1976 年合成的, 20 世纪 80 年代后与美国的 Johson 公司联合开发生产, 于 1988 年开始投入市场。目前三氯蔗糖的合成工艺主要有三种: 化学合成法、化学 – 酶合成法和单酯法。

(二) 物理和化学性质

三氯蔗糖中存在多个羟基, 这使得它像糖一样具有亲水性。三氯蔗糖在 22℃下具有相当大的水溶性, 水溶性可大于 25%, 同时具有较低的辛醇 / 水分配系数。尽管三氯蔗糖含有氯, 可以被描述为氯化碳水化合物, 但它不属于氯化烃这类物质。三氯蔗糖与氯化烃具有非常不同的化学和物理化学性质。关键的区别在于三氯蔗糖中大量暴露的羟基, 它们通常与水形成氢键, 不参与反应, 导致整体反应活性低、亲水性高、脂肪溶解度低。相比之下, 氯化烃类通常只有很少或没有羟基, 并且具有碳 – 碳双键的特征。这刚好解释了这些不同物质的高脂肪溶解度及它们在体内的反应路径。像糖一样, 三氯蔗糖没有碳 – 碳双键。因此, 认为三氯蔗糖是一种 "有机氯" 或氯代烃类物质 (特别是包括众所周知的 DDT) 的说法是不恰当的。

(三) 质量规格

《食品安全国家标准 食品添加剂 三氯蔗糖》(GB 25531—2010) 适用于以蔗糖为原料, 用氯原子选择性取代三个羟基而制得的食品添加剂三氯蔗糖。其理化指标需满足表 2-2 的要求。

表 2-2 三氯蔗糖的理化指标

项　　目	指标	检 验 方 法
三氯蔗糖 (以干基计), w/%	98.0–102.0	GB 25531—2010 附录 A 中 A.3
比旋光度 α_m (20℃, D), (°)·dm^2·kg^{-1}	+84.0~+87.5	GB 25531—2010 附录 A 中 A.4
水分, w/%, ≤	2.0	GB/T 6283
灼烧残渣, w/%, ≤	0.7	GB/T 9741[*]
水解产物	通过检验	GB 25531—2010 附录 A 中 A.5
相关物质	通过检验	GB 25531—2010 附录 A 中 A.6
甲醇, w/%, ≤	0.1	GB 25531—2010 附录 A 中 A.7
铅 (Pb), mg/kg, ≤	1	GB 5009.12

[*] 称样量为 1~2g。

二、三氯蔗糖批准和使用情况

(一) 国际食品法典委员会

国际食品法典委员会批准三氯蔗糖作为食品添加剂使用。《食品添加剂通用法典标准》（Codex Stan 192—1995）对于三氯蔗糖的功能、使用范围和最大使用量等进行了规范。

（二）中国

三氯蔗糖被批准作为食品添加剂使用，《国家食品安全标准 食品添加剂使用标准》（GB 2760—2014）和国家卫生健康委员会发布的官方通告对三氯蔗糖的功能、使用范围和最大使用量等进行了规定。

（三）美国

根据第 21 项联邦管理法规第 172.831 节的规定，三氯蔗糖是一种一般公认安全（GRAS）的物质，允许在特定的食品类别中使用，该法规还规定了其功能、使用范围和使用量。

（四）欧盟

三氯蔗糖被批准作为食品添加剂使用，使用范围和最大使用量需遵循法规 Regulation（EC）No 1333/2008 中的规定。

（五）澳大利亚和新西兰

三氯蔗糖被批准作为食品添加剂使用，根据《食品标准法典》标准附录 16 中的规定，其使用量可以按生产需要适量使用。

（六）其他国家或地区

在日本、韩国、中国台湾、巴西、加拿大等地，三氯蔗糖被广泛批准为食品添加剂使用。

三、三氯蔗糖在食品中的应用

三氯蔗糖性质非常稳定，甜度较好，溶解性高，如图 2-3、图 2-4 所示。具有令人愉快的甜味和非常稳定的分子结构，适用于强酸性食品、天然食品和热加工食品，可广泛用于食品、饮料和口感好、低能量的食品中，包括烘焙食品。

（一）饮料

三氯蔗糖作为一种优良甜味剂，可以用在所有类型饮料中。三氯蔗糖在低酸度碳酸饮料中相对稳定，可以耐受高温，主要用于灭菌或超高温瞬时灭菌饮料中。同时，三氯蔗糖还可以用于酒精性饮料中。三氯蔗糖易溶于水，便于抽吸和混合。因此，如果三氯蔗糖完全取代特定产品中的蔗糖或其他任何甜味剂，很可能对风味产生一些影响，因此需要对味道进行优化。然而，当使用三氯蔗糖代替部分蔗糖时，对整体口感特征的影响不明显。

产品的 pH 值会影响三氯蔗糖和其他甜味剂的甜度。因此，200ppm 浓度的三氯蔗糖水溶液比 200ppm 的三氯蔗糖酸溶液尝起来更甜。因此，在制作软饮料时，平衡酸度是很重要的。

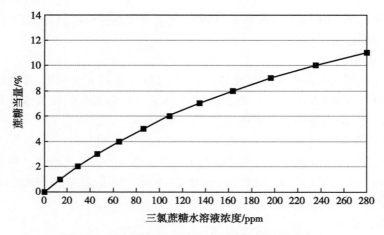

图2-3　三氯蔗糖水溶液浓度和蔗糖当量关系曲线

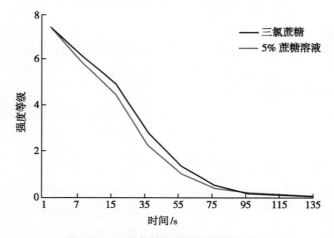

图2-4　三氯蔗糖和蔗糖甜度分布曲线

当使用高效甜味剂时,必须注意它们只提供甜味。与蔗糖不同,三氯蔗糖不会占据产品体积,不会起到延长保质期的作用,也不会发生美拉德褐变反应。以饮料为例,用三氯蔗糖代替蔗糖,可以降低饮料的口感和体积。有时消费者会首选此类产品,因为此类产品更轻、更鲜,不含糖浆和令人厌烦的甜味。

（二）乳制品

三氯蔗糖不仅适用于乳饮料,还可用于酸奶、乳制品甜点和冷冻甜点等一系列乳制品。以酸奶为例,三氯蔗糖既可以添加到水果基中,也可以添加到酸奶培养液中,因此具有更大的灵活性。通常水果基乳制品 pH 值较低,经过热处理可以延长产品的货架期。三氯蔗糖稳定性强,不受上述条件的影响,甜度不会发生变化。此外,由于三氯蔗糖不能被食品相关的微生物代谢,也不干扰微生物的活动,所以可以在发酵前添加到酸奶培养基中。

(三)烘焙食品

三氯蔗糖稳定性强,适用于烘焙食品和压缩性加糖早餐麦片。然而,需要注意的是,三氯蔗糖只提供甜味,不影响产品的体积。因此,为了生产无糖蛋糕或饼干,有必要联合使用三氯蔗糖与填充剂。常用的填充剂是聚葡萄糖或糖醇。三氯蔗糖已成功用于甜果酱、水果馅料和烘焙产品的奶油中。

(四)腌菜、酱料和调味品

尽管三氯蔗糖在腌菜和酱料中研发有限,但它已成功地用作番茄酱、调味料和沙拉酱等产品的甜味剂。评估结果显示,三氯蔗糖在这些产品中应用效果很好,可改善产品整体的味道。

(五)罐装食品

三氯蔗糖是罐头产品中理想的甜味剂。可以应用于低酸度水果罐头和中性 pH 值的产品,如番茄酱。

(六)糕点糖果

对无糖糖果和无糖口香糖,三氯蔗糖也是良好的甜味剂。与烘焙食品一样,它通常与膨松剂(如糖醇)联合使用,以"增加"甜度。三氯蔗糖不会导致蛀牙,因此可以用于生产"益齿"糖果。

第三节 甜 蜜 素

甜蜜素(cyclamate)是一种无能量的甜味剂,它可以多种形式存在,如环拉酸、氰氨化钙和环氨酸钠。甜蜜素的甜度为蔗糖的 30~50 倍。

甜蜜素是 1937 年在美国伊利诺伊大学被发现的。它的出现使美国在 20 世纪 50 年代和 60 年代生产了第一批品质优良的低能量食品和饮料。

环氨酸钠和类似的钙盐作为非营养性甜味剂被用于低钠饮食。甜蜜素有苦味,但与糖精有良好的甜味协同作用。甜蜜素在饮料生产中具有许多技术优势。它们对热和冷都很稳定,不会掩盖水果的味道,适用于多种食物及食物配料。

一、甜蜜素的理化特性

(一)化学结构和来源

甜蜜素,其化学名称为环己基氨基磺酸钠,是一种环拉酸盐,分子式为

$C_6H_{12}NNaO_3S$,分子量为 201.2,其结构如图 2-5 所示。甜蜜素的甜度是蔗糖的 30~50 倍,尽管它的增甜能力是人工甜味剂中最低的,但它与其他甜味剂结合后,可协同掩盖使用单一甜味剂后的余味。

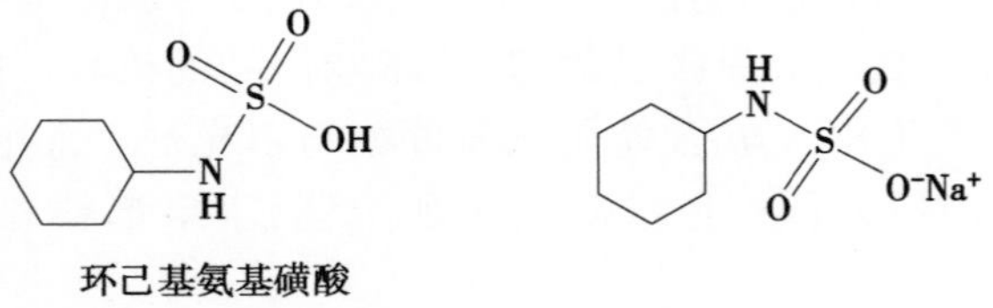

环己基氨基磺酸

图 2-5　甜蜜素的化学结构

　　甜蜜素的合成过程从三糖棉子糖开始,经过化学氯化反应生成四氯棉子糖。然后用半乳糖苷酶对四氯棉子糖进行酶处理,将 6- 氯 -6- 脱氧半乳糖基移除生成甜蜜素。甜蜜素的合成还有另外两种方法,如生物有机合成和区域选择性二酰化。

（二）物理和化学性质

　　甜蜜素为白色结晶或白色结晶粉末,无臭,味甜,易溶于水,难溶于乙醇,不溶于氯仿和乙醚。在酸性条件下略有分解,在碱性条件下稳定。其熔点约为 170℃。甜蜜素 10% 水溶液呈中性（pH 值为 6.5）,对热、光和空气稳定。加热后略有苦味。甜蜜素非常耐热,分解温度约为 280℃,不发生焦糖化反应。在 pH 值为 2.0 的环境下可保持稳定超过 60 年。甜蜜素与糖精联用最多,两者结合在一起使用时,得到的味道比两者单独相加的总和还要甜,从而可进一步降低甜味剂的使用量。在 20 世纪 60 年代,10 份甜蜜素和 1 份糖精的混合物被广泛应用于食品和饮料中,口味比单独使用其中一种甜味剂的效果要好。甜蜜素与阿斯巴甜和蔗糖也有协同作用。

（三）质量规格

　　《食品安全国家标准　食品添加剂　环己基氨基磺酸钠（又名甜蜜素）》（GB 1886.37—2015）适用于以环己胺为原料,氯磺酸或氨基磺酸化合成环己基氨基酸磺酸后与氢氧化钠作用而制得的食品添加剂环己基氨基磺酸钠（又名甜蜜素）。其理化指标需满足表 2-3 的要求。

二、甜蜜素的批准和使用情况

（一）国际食品法典委员会

　　国际食品法典委员会批准甜蜜素作为食品添加剂使用。《食品添加剂通用法典标准》（CODEX STAN 192—1995）对于甜蜜素的功能、使用范围和最大使用量等进行了规范。

表 2-3　环己基氨基磺酸钠（又名甜蜜素）的理化指标

项　　目	指标		检 验 方 法
	无水品	结晶品	
环己基氨基磺酸钠含量（以干基计），w/%	98.0~101.0		GB 1886.37—2015 附录 A 中 A.4
硫酸盐（以 SO_4 计），w/%，≤	0.10		GB 1886.37—2016 附录 A 中 A.5
pH（100g/L 水溶液）	5.5~7.5		GB 1886.37—2016 附录 A 中 A.6
干燥减量，w/%，≤	0.5	16.5	GB 1886.37—2016 附录 A 中 A.7
氨基磺酸，w/%，≤	0.15		GB 1886.37—2016 附录 A 中 A.8
环己胺，w/%，≤	0.002 5		GB 1886.37—2016 附录 A 中 A.9
双环己胺，w/%，≤	通过试验		GB 1886.37—2016 附录 A 中 A.10
吸光值（100g/L 溶液），≤	0.10		GB 1886.37—2016 附录 A 中 A.11
透明度（以 100g/L 溶液的透光率表示），%，≥	95.0		GB 1886.37—2016 附录 A 中 A.12
重金属（以 Pb 计），mg/kg，≤	10.0		GB 1886.37—2016 附录 A 中 A.13
砷（As），mg/kg，≤	1.0		GB 5009.76

（二）中国

甜蜜素被批准作为食品添加剂使用。《国家食品安全标准 食品添加剂使用标准》（GB 2760—2014）和国家卫生健康委员会发布的官方通告对甜蜜素的功能、使用范围和最大使用量等进行了规定。

（三）美国

美国食品与药品管理局（FDA）目前禁止甜蜜素的使用。美国行业协会已经向 FDA 重新提交了甜蜜素的使用审批申请；该申请书目前仍被"搁置"，这意味着在提交进一步的数据之前，美国 FDA 对该项申请仍然持消极态度。美国卡路里控制委员会正积极与美国 FDA 合作，开展新的安全研究，以促进甜蜜素在美国的获批。

（四）欧盟

甜蜜素被批准作为食品添加剂使用，使用范围和最大使用量需遵循法规 Regulation（EC）No 1333/2008 中的规定。

（五）澳大利亚和新西兰

甜蜜素被批准作为食品添加剂使用，根据《食品标准法典》标准附录 156 中的规定，使用量可以按生产需要适量使用。

（六）其他国家或地区

在墨西哥、加拿大、中国台湾等国家和地区,甜蜜素被批准为食品添加剂使用。

三、甜蜜素在食品中的应用

甜蜜素在饮料和餐桌甜味剂中有广泛的应用。多数与甜蜜素有关的产品开发工作是在 20 世纪 50 年代和 60 年代完成的,代表性配方是用甜蜜素或甜蜜素 – 糖精混合物增甜。那时的研究就提出,研发低能量食品和饮料的首要前提是不能简单地用甜蜜素代替蔗糖,而必须重新设计产品配方。在开发甜蜜素低能量产品时,遇到的一个主要问题是产品的质地和体积的问题,如果去除了蔗糖固形物,通常就需要通过添加水胶体或膨胀剂来进行填充,使产品具有适宜质地和体积。另外,还需要调节产品的甜度和酸度,替代方法包括使用特殊调味料,并且调整含气量。

甜蜜素在一些水果产品中使用效果明显,它可以增强水果的鲜味,即使在低浓度的情况下,也能掩盖一些柑橘类水果的天然酸味。对于甜蜜素而言,烘焙食品可能是最具挑战性的应用。在烘焙食品中,蔗糖除了提供甜味,还提供了一定的体积和质地,对面筋有软化作用,在褐变反应中具有重要作用。甜蜜素不具备上述性能,因此必须重新调整配方,添加膨胀剂（如变性淀粉或糊精、羧甲基纤维素）和乳化剂（如磷脂）。甜蜜素具有非致龋性,还可作为甜味剂用于包衣或压缩片剂的涂膜,酸型甜蜜素还可用作泡腾剂。

第四节　安　赛　蜜

安赛蜜（acesulfame potassium）是一种无能量的甜味剂,其甜度大约是蔗糖的 200 倍,只需要极少量就可以达到蔗糖的同等甜度。

安赛蜜是由德国赫斯特公司于 1967 年开发的甜味剂。当安赛蜜单独大量使用满足甜度要求时会有苦涩的余味。因此,安赛蜜几乎总是与其他甜味剂（通常是三氯蔗糖或阿斯巴甜）混合使用。与阿斯巴甜不同的是,安赛蜜在高温下是稳定的,可以被添加到烘焙食品或需要较长保质期的产品中。

一、安赛蜜的理化特性

（一）化学结构

安赛蜜是一种白色结晶粉末,属于二氧化氧噻嗪类化学品。化学名称是 6- 甲基 –123– 噻嗪 –4（3H）–1,2,2– 二氧化钾盐,分子式为 $C_4H_4KNO_4S$,分子

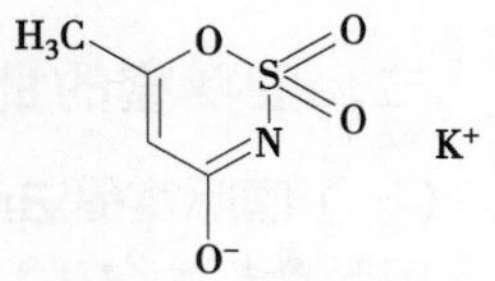

量为 201.24,化学结构如图 2-6 所示。当人体摄入安赛蜜后,它会迅速并几乎完全被吸收,但不会被代谢,而是以原型被完整排出体外。因此,它不提供能量,也不会影响人体对钾的摄入量。

图 2-6　安赛蜜的化学结构

安赛蜜是通过转化有机中间体乙酰乙酸,将其与自然存在的矿物质钾结合,进一步提纯,最终形成高度稳定的晶体甜味剂。安赛蜜的早期合成方法是氯磺酰或氟磺酰基异氰酸酯与丙基丙酮和其他化学物质反应生成 N- 氯或 N-(氟磺酰基)乙酰乙酰胺,再经氢氧化钾环化得到。另一种方法则需要用至少两倍当量的三氧化硫处理乙酰乙酰胺。这个过程中会产生 n- 磺乙酰乙酰胺,并由三氧化硫脱水形成二氧化噁硫嗪酮。最终由氢氧化钾中和得到安赛蜜。

(二)物理和化学性质

安赛蜜具有强烈的甜味,甜度为蔗糖的 200 倍,呈味性质与糖精相似,高浓度时有苦味。它和其他甜味剂混合使用能产生很强的协同效应,一般浓度下可增加甜度 30%~50%。安赛蜜为无色或白色、无臭,有强烈甜味的结晶性粉末。易溶于水,微溶于乙醇。其稳定性良好,室温散装条件下放置多年无分解现象,水溶液(pH 值为 3.0~3.5,20℃)放置大约两年时间其甜度没有降低。虽然其在 40℃条件下放置数月有分解,但是其稳定性在升温过程中是好的。灭菌和巴氏杀菌不影响其味道。

(三)质量规格

《食品安全国家标准 食品添加剂 乙酰磺胺酸钾》(GB 25540—2010)适用于以乙酰化试剂、发烟硫酸或三氧化硫、氢氧化钾或碳酸钾等为原料制得的食品添加剂乙酰磺胺酸钾。其理化指标需满足表 2-4 的要求。

表 2-4　乙酰磺胺酸钾(安赛蜜)的理化指标

项　目	指标	检 验 方 法
乙酰磺胺酸钾(以干基计),w/%	99.0~101.0	GB 25540—2010 附录 A 中 A.3
干燥减量,w/%,≤	1.0	GB 5009.3—2010 直接干燥法 *
pH 值	5.5~7.5	GB 25540—2010 附录 A 中 A.4
氟化物(以 F 计),mg/kg,≤	3	GB/T 5009.18—2003 氟例子选择电极法
有机杂质,mg/kg,≤	20	GB 25540—2010 附录 A 中 A.5
铅(Pb),mg/kg,≤	1	GB 5009.12

* 干燥温度和时间分别为 105℃和 2h。

二、安赛蜜的批准和使用情况

（一）国际食品法典委员会

国际食品法典委员会批准安赛蜜作为食品添加剂使用。《食品添加剂通用法典标准》（Codex Stan 192—1995）对于安赛蜜的功能、使用范围和最大使用量等进行了规范。

（二）中国

安赛蜜被批准作为食品添加剂使用。《国家食品安全标准　食品添加剂使用标准》（GB 2760—2014）和国家卫生健康委员会发布的官方通告对甜蜜素的功能、使用范围和最大使用量等进行了规定。

（三）美国

根据第 21 项联邦管理法规第 172.800 节的规定，安赛蜜是一种一般公认安全（GRAS）的物质，允许在特定的食品类别中使用，该法规还规定了其功能、使用范围和使用量。

（四）欧盟

安赛蜜被批准作为食品添加剂使用，使用范围和最大使用量需遵循法规 Regulation（EC）No 1333/2008 中的规定。

（五）澳大利亚和新西兰

安赛蜜被批准作为食品添加剂使用，《食品标准法典》标准附录 15 中对安赛蜜的使用范围和使用量做出了规定。

（六）其他国家或地区

在日本、韩国、中国台湾等，安赛蜜被批准为食品添加剂使用。

三、安赛蜜在食品中的应用

安赛蜜易溶于水，在酸性条件、中性条件、高温条件（如巴氏杀菌、超高温瞬时灭菌和烘焙）下性质稳定。安赛蜜适用于低能量饮料和食品，因为它在水溶液甚至低 pH 值的软饮料中都具有良好的稳定性。如果单独使用，安赛蜜会影响食品的甜味，实际应用中多与其他高效甜味剂混合物使用，使其具有蔗糖的味道。

安赛蜜适用于水果口味的乳制品，可以耐受水果制品和产品本身巴氏杀菌过程。对于像风味奶、可可饮料和类似的非发酵产品，建议将安赛蜜作为单一甜味剂，因为此类产品需要良好的热稳定性和货架期稳定性。

第五节　糖　　精

糖精（saccharin）是一种无能量的甜味剂，它是历史上第一种人工合成的甜味剂。糖精的化学名称为邻苯甲酰磺酰亚胺，市场销售的商品糖精实际是易溶性的邻苯甲酰磺酰亚胺的钠盐，简称糖精钠。它的甜度是蔗糖的300~500倍。

一、糖精的理化特性

（一）化学结构和来源

糖精有时被称为邻苯二甲亚砜，是第一个商业化开发的甜味有机化合物，其甜度明显高于蔗糖。糖精钠的学名为邻磺酰苯酰亚胺钠盐，化学式为 $C_7H_4NNaO_3S \cdot 2H_2O$，相对分子质量为 241.20，通常含有两分子的结晶水，化学结构如图 2-7 所示。三氯蔗糖呈无色结晶，易风化失去约一半结晶水而成为白色粉末。

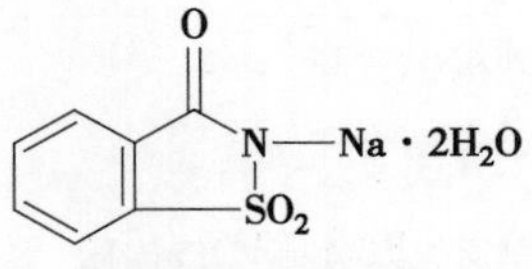

图 2-7　糖精钠的化学结构

糖精是由俄国化学家法利德别尔格于 1879 年发明开发的甜味剂，可由邻磺酸基苯甲酸与氨反应制得。20 世纪 50 年代初，Senn 和 Schlaudecker 发现了一种合成糖精钠的新方法，该工艺是以邻氨基苯甲酸甲酯为原料，并于 20 世纪 50 年代中期由 Maumee 化学公司正式商业化，其具体工艺如图 2-8 所示。

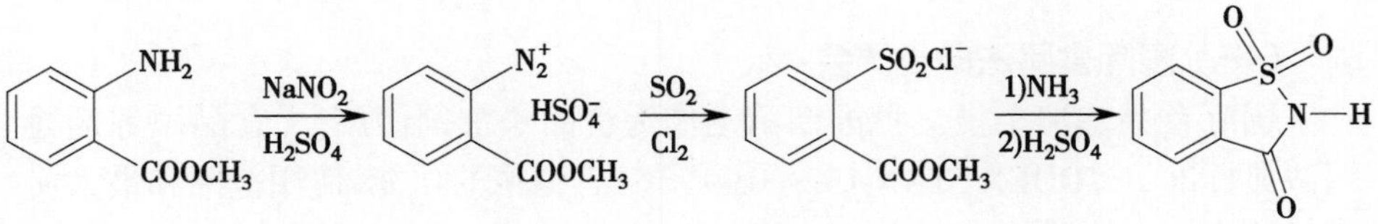

图 2-8　Maumee 公司糖精钠的制备流程

现代糖精钠的生产工艺有多种，按生产采用的主要原料划分可分为甲苯法、苯酐法、邻甲基苯胺法和苯酐二硫化物法。

（二）物理和化学性质

糖精甜度为蔗糖的 300~500 倍，甜味阈值约为 0.000 48%。其熔点为 226~231℃，易溶于水，略溶于乙醇，水溶液呈微碱性。目前市场上糖精大多以钠和钙盐的形式出售，这两种盐都易溶于水。水溶液长时间放置后，甜味会慢慢降低。在甜度方面，糖精钠溶解度大，解离度也大，因而甜味强。而在分子状态下没有甜味,反而有苦味。糖精钠经煮沸会缓慢分解,如以适当比例与其他甜味料并用,更可接近蔗糖甜味。糖精钠不会引起食品染色和发酵。当其浓度比较大时带有苦味,在酸性条件下对糖精钠进行加热,会丧失甜味,同时形成带有苦味的邻氨基磺酰苯甲酸。糖精钠不容易被人体吸收,可以随大小便排出体外,所以,可用于肥胖、高血脂等人群的食糖替代品。

（三）质量规格

《食品安全国家标准 食品添加剂 糖精钠》（GB 1886.18—2015）适用于以苯二甲酸酐为原料经化学合成制得的食品添加剂糖精钠。其理化指标需满足表 2-5 的要求。

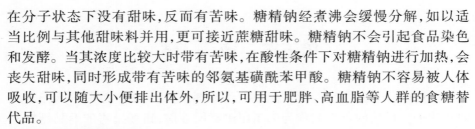

表 2-5　糖精钠的理化指标

项　　目	指标	检 验 方 法
糖精钠含量, w/%	99.0~101.0	GB 1886.18—2015 附录 A 中 A.4
干燥失重, w/%, ≤	2.0	GB 5009.3*
总砷（以 As 计）, mg/kg, ≤	5.5~7.5	GB 5009.11
铅（Pb）, mg/kg, ≤	2.0	GB 5009.12
酸度和碱度	通过试验	GB 1886.18—2015 附录 A 中 A.5
苯甲酸盐和水杨酸盐	通过试验	GB 1886.18—2015 附录 A 中 A.6

* 干燥温度为 120℃,干燥时间为 4h。

二、糖精钠的批准和使用情况

（一）国际食品法典委员会

国际食品法典委员会批准糖精钠作为食品添加剂使用。《食品添加剂通用法典标准》（CODEX STAN 192—1995）对于糖精的功能、使用范围和最大使用量等进行了规范。

（二）中国

糖精钠被批准作为食品添加剂使用。《国家食品安全标准食品添加剂使用标准》（GB 2760—2014）和国家卫生健康委员会发布的官方通告对糖精的功能、使用范围和最大使用量等进行了规定。

（三）美国

根据第 21 项联邦管理法规第 180.37 节的规定,糖精钠是一种一般公认安全（GRAS）的物质,允许在特定的食品类别中使用,该法规还规定了其功能、使用范围和使用量。

（四）欧盟

糖精钠被批准作为食品添加剂使用，使用范围和最大使用量需遵循法规 Regulation（EC）No 1333/2008 中的规定。

（五）澳大利亚和新西兰

糖精钠被批准作为食品添加剂使用，《食品标准法典》标准附录 15 中对糖精钠的使用范围和使用量做出了规定。

（六）其他国家或地区

在日本、中国台湾、加拿大等地，糖精钠被批准为食品添加剂使用。

三、糖精钠在食品中的应用

糖精钠的主要应用领域是饮料和餐桌甜味剂，在这些应用中糖精钠主要是提供甜味。在其他的应用中，需要同时使用如蔗糖等填充质构的物质，这是糖精钠不能提供的。所以在一般的应用中，添加糖精钠作为主要的甜味剂，同时再搭配其他甜味剂会有更好的效果。例如，同时添加糖精钠和阿斯巴甜或者甜蜜素，这样复配得到的甜味体系的甜度会等量叠加，并且会很好地掩盖糖精钠本身的后苦味。具体的复配比例和复配方案可根据不同的食品体系和不同的应用效果进行设计。

第三章

天然甜味剂

天然甜味剂（natural sweeteners）提取自天然植物，主要包括甜菊糖苷、罗汉果甜苷、甘草酸、新橙皮苷、甜茶素、甜味蛋白、醇类糖等多种甜味剂。本书重点介绍甜菊糖苷和罗汉果甜苷。

第一节　甜菊糖苷

甜菊糖苷（steviol glycosides）是从甜叶菊（stevia rebaudiana bertoni）中提取和纯化的一组高甜度、低热量的天然甜味物质。甜叶菊中主要的糖苷成分为甜菊苷（约 4%）和瑞鲍迪苷 A（约 11%），同时含有其他微量的甜菊糖苷，如瑞鲍迪苷 D、瑞鲍迪苷 M 等。甜菊糖苷的甜度为蔗糖的 200~300 倍。

甜叶菊原产于巴拉圭和巴西交界的高山草地，并被当地人用作甜茶或甜味剂使用。我国于 1976 年将甜叶菊引入，并试种成功，由于我国气候和土壤条件适宜，目前已在新疆、江苏等地被大量种植。中国是世界上甜菊糖苷的主要生产和出口国家，据海关统计，我国甜菊糖苷每年的出口数量占全球市场的 80% 以上。

在南美洲、日本等地，甜叶菊的提取物被应用于甜食和饮料已经有几个世纪的历史。如今甜菊糖苷被广泛应用于亚洲、北美、南美和欧盟的食品（蜜饯、果脯、糕点、乳制品等）、饮料和调味品生产中。

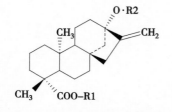

图 3-1　甜菊醇（R₁＝R₂＝H）结构

一、甜菊糖苷的理化特性

（一）化学结构和来源

甜菊糖苷是一组天然存在于甜叶菊中的化合物，它们具有相似的分子结构，为甜菊醇（$R_1=R_2=H$），如图 3-1 所示，主链与不同种类、数量的糖基（包括葡萄糖、鼠李糖、木糖、果糖、阿拉伯糖、半乳糖和脱氧葡萄糖），在不同方向上相联，形成不同种类的甜菊糖苷。目前，在甜叶菊中发现的已知甜菊糖苷种类为 60 余种，部分甜菊糖苷结构如表 3-1 所示。不同种类的甜菊糖苷甜度、口味存在差异。

表 3-1　9 种糖苷的化合物名称、R_1 位取代基和 R_2 位取代基

化合物名称		R_1 位取代基	R_2 位取代基
中文名称	英文名称		
杜克苷 A	dulcoside A	β-Glc	β-Glc-α-Rha（2→1）
甜茶苷	rubusoside	β-Glc	β-Glc
甜菊双糖苷	steviolbioside	H	β-Glc-β-Glc（2→1）
甜菊苷	stevioside	β-Glc	β-Glc-β-Glc（2→1）
瑞鲍迪苷 A	rebaudioside A	β-Glc	β-Glc-β-Glc（2→1） | β-Glc（3→1）
瑞鲍迪苷 B	rebaudioside B	H	β-Glc-β-Glc（2→1） | β-Glc（3→1）
瑞鲍迪苷 C	rebaudioside C	β-Glc	β-Glc-α-Rha（2→1） | β-Glc（3→1）
瑞鲍迪苷 D	rebaudioside D	β-Glc-β-Glc（2→1）	β-Glc-β-Glc（2→1） | β-Glc（3→1）
瑞鲍迪苷 F	rebaudioside F	β-Glc	β-Glc-β-Xyl（2→1） | β-Glc（3→1）

　　甜菊糖苷的传统生产工艺是以甜叶菊为原料，使用热水进行提取，提取液经离子交换树脂进行分离和纯化，最后干燥为精制粉末。随着近年生产加工技术的发展，新的生产技术被应用于生产纯度更高、口味更佳的稀少糖苷（如瑞鲍迪苷 M，瑞鲍迪苷 D）。在 2019 年联合国粮农组织和 WHO 下的食品添加剂联合专家委员会（Joint FAO/WHO Expert Committee on Food Additives，JECFA）第 87 次会议上，通过了发酵法和酶解法生产甜菊糖苷的质量标准。

　　（二）理化性质

　　甜菊糖苷通常为白色至浅黄色粉末，没有明显的不良口味，化学性质非常稳定，甜度是蔗糖的 200~300 倍，能量低，具有良好的代糖功能。

　　（三）质量规格

　　《食品安全国家标准 食品添加剂 甜菊糖苷》（GB 8270—2014）适用于以

甜叶菊（stevia rebaudiana bertoni）干叶为原料,经提取、精制而得的食品添加剂甜菊糖苷。主要糖苷为甜菊苷和瑞鲍迪苷 A,其他已知糖苷包括瑞鲍迪苷 B、瑞鲍迪苷 C、瑞鲍迪苷 D、瑞鲍迪苷 F、杜克苷 A、甜茶苷及甜菊双糖苷。其理化指标需满足表 3-2 的要求。

表 3-2 甜菊糖苷的理化指标

项　目	指标	检　验　方　法
甜菊糖苷含量（以干基计）,w/%,≥	85	GB 8270—2014 附录 A 中 A.3
灼烧残渣（w）,%,≤	1	GB 5009.4
干燥减量（w）,%,≤	6	GB 5009.3 直接干燥法*
铅（Pb）,mg/kg,≤	1	GB 5009.12
总砷（以 As 计）,mg/kg,≤	1	GB 5009.11
甲醇,mg/kg,≤	200	GB 8270—2014 附录 A 中 A.4
乙醇,mg/kg,≤	5 000	

注:商品化的甜菊糖苷产品应以符合本标准的甜菊糖苷为原料,可添加用于标准化目的的淀粉等食品原料。*干燥温度和时间分别为（105±2）℃和2h。

2020 年 10 月,新版 GB 8270 对外征求意见,参考国际和国外相关法规,并结合国内产品的实际情况,对 2014 版标准进行了修订。

二、甜菊糖苷的批准和使用情况

（一）国际食品法典委员会

国际食品法典委员会批准甜菊糖苷作为食品添加剂使用。《食品添加剂通用法典标准》（Codex Stan 192—1995）对于甜菊糖苷的功能、使用范围和最大使用量等进行了规范。

（二）中国

甜菊糖苷被批准作为食品添加剂使用。《国家食品安全标准食品添加剂使用标准》（GB 2760—2014）和国家卫生健康委员会发布的官方通告对甜菊糖苷的功能、使用范围和最大使用量等进行了规定。

（三）美国

甜菊糖苷是一种一般公认安全（GRAS）的物质,在特定食品类别中按生产需要适量添加使用。

（四）欧盟

甜菊糖苷被批准作为食品添加剂使用,使用范围和最大使用量需遵循法规 Regulation（EC）No 1333/2008 中的规定。

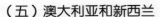

（五）澳大利亚和新西兰

甜菊糖苷被批准作为食品添加剂使用，《食品标准法典》标准附录 15 中对甜菊糖苷的使用范围和使用量做出了规定。

（六）其他国家或地区

在日本、韩国、中国台湾、加拿大等国家和地区，甜菊糖苷被批准为食品添加剂使用。

三、甜菊糖苷在食品中的应用

日本是甜菊糖苷应用研究比较深入的市场，其食品生产商广泛使用甜菊糖苷于各类食品领域。其中用量比较大的食品应用领域是在腌渍食品，这可以很好地展现甜菊糖苷对氯化钠刺激性的抑制作用。添加甜菊糖苷在腌制蔬菜、水产干制品、酱油、味噌中有着同等效果。

除此之外，甜菊糖苷在饮料、糖果、口香糖、焙烤食品、谷物食品、酸奶、冰激凌、苹果酒和茶等食品中的应用也很广泛。另外在日本和美国，甜菊糖苷作为餐桌甜味剂也是一个比较重要的应用。

在高 pH 值及低 pH 值条件下，甜菊糖苷的稳定性均高于阿斯巴甜和纽甜。在热加工饮料中，如风味茶饮料、果汁、运动饮料、风味乳、酸奶和非酸性茶饮料，甜菊糖苷在短时高温灭菌或产品储存阶段稳定性较强。甜菊糖苷在酸奶和蛋糕中性质也较稳定。

与其他一些无能量甜味剂（如安赛蜜和甜蜜素）一样，甜菊糖苷在低蔗糖当量水平下表现出轻微甜味；在较高的蔗糖当量水平下表现出其他味觉特性（如苦味和黑甘草味）。然而，未检测到酸、咸、薄荷、金属或其他味觉特性。

某些甜味剂（营养性和非营养性）混合物，能产生协同增甜的作用。甜菊糖苷浓度较高时（>6% 蔗糖当量水平）会发生变味（如苦味和黑甘草味）。因此，甜菊糖苷不太可能成为零卡路里饮料的唯一甜味剂。通过与多种甜味剂混合，可以解决甜菊糖苷的这种使用限制。各种各样的无能量甜味剂和高能量甜味剂都是甜菊糖苷理想的搭配选择。

第二节　罗汉果提取物

罗汉果［siraitia grosvenorii（swingle）C. Jeffery］为葫芦科（cucurbiataceae），罗汉果属多年生草质藤本植物罗汉果的成熟果实，是产于我国南方的一种既是食品又是中药材的物质，主产地为广西，此外，贵州、江西、湖南等地区也有分布。罗汉果在广西民间的用药历史已有 300 多年,味甘、性凉、有清热解暑、润肺止渴的作用。

20 世纪 60 年代以来,罗汉果研究受到越来越多的关注。罗汉果提取物(monk fruit extract)的主要活性成分是罗汉果甜苷(siraitia mogrosides),在干果中的总含量为 3.7%~3.9%,是一类低能量理想天然甜味剂,比蔗糖甜 300 倍,但能量仅为蔗糖的 1/50,而且食用安全、无异味、热稳定性好,可应用于饮料、乳制品、糕点、保健品等。

一、罗汉果提取物的理化特性

（一）化学结构和来源

罗汉果是主要产自广西的一种既是食品又是中药材的物质。目前已知,罗汉果干果含总糖 25.17%~38.31%,其中含果糖 10.20%~17.55%,葡萄糖 5.71%~15.19%,蛋白质 8.67%~13.35%,含有 18 种氨基酸,8 种为人体必需氨基酸。罗汉果提取物中含有一类葫芦素烷三萜烯葡萄糖苷类化合物,如 Mogroside Ⅱ E、Mogroside Ⅲ、Mogroside Ⅲ E、Mogroside Ⅳ、Mogroside Ⅴ、Mogroside Ⅵ等,是罗汉果提取物的主要甜味物质和有效功能成分。它们含有共同的苷元 Mogrol,其主要差别在于连接的糖基不同和个别苷的 11 位 –OH 被氧化成 =O,基本结构如图 3–2 所示。

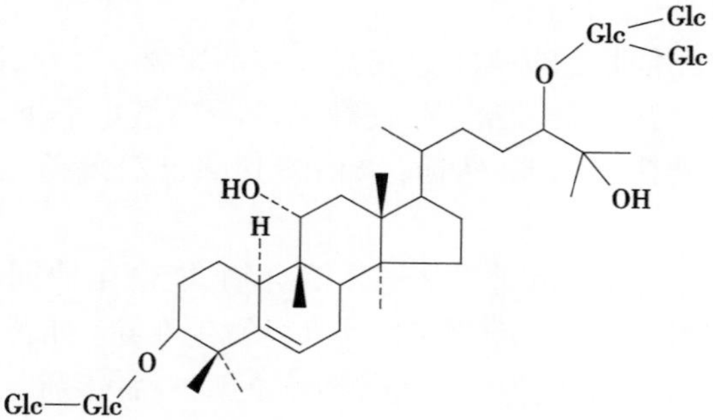

Glc=葡萄糖基

图 3–2　罗汉果甜苷的结构

罗汉果甜苷 Ⅴ（ Mogroside Ⅴ ）又称罗汉果甜苷 Ⅴ,分子式为 $C_{60}H_{102}O_{29}$,占罗汉果总甜苷量的 30%~40%,是主要甜味成分,而能量几乎为零。它的提取、分离、纯化、定量特别引起人们的重视。传统的罗汉果甜苷提取方法主要为有机溶剂浸提以及水提取法。此类方法操作简单,但耗时,且提取效果不理想。随着科技的发展,近年运用微波技术及超声波技术辅助提取罗汉果甜苷的研究报道逐渐增多。罗汉果提取物的工艺流程为原药材→前处理→提取→

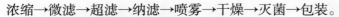

浓缩→微滤→超滤→纳滤→喷雾→干燥→灭菌→包装。

（二）理化性质

罗汉果甜苷 V 为白色结晶性粉末,熔点为 197~200℃。水中溶解度为 6.10g/100ml,20℃溶液的 pH 为 6.0。罗汉果甜苷 V 的甜度是蔗糖的 250~350 倍。在 pH 值为 2~9 范围内,罗汉果甜苷 V 的甜度变化不大,pH 值为 4.5 时甜度最大。当 pH 值小于 2 和大于 9 时,甜度有明显下降的趋势。罗汉果甜苷 V 的甜度在 0℃及 180℃之间稳定。罗汉果甜苷 V 具有良好的起泡性和乳化性。

（三）质量规格

《食品安全国家标准 食品添加剂 罗汉果甜苷》（GB 1886.77—2016）适用于以罗汉果为原料,经水煮提取、浓缩、干燥等工艺精制而成的食品添加剂罗汉果甜苷。其理化指标需满足表 3-3 的要求。

表 3-3　罗汉果甜苷的理化指标

项　目	指标	检 验 方 法
罗汉果甜苷 V 含量*, w/%,≥	20	GB 1886.77—2016 附录 A 中 A.4
灰分, w/%,≤	2.0	GB 5009.4
水分, w/%,≤	6.0	GB 5009.3
铅（Pb）, mg/kg,≤	1.0	GB 5009.12
总砷（以 As 计）, mg/kg,≤	1.0	GB 5009.11

* 罗汉果甜苷含量以罗汉果甜苷 V 计。

二、罗汉果提取物的批准和使用情况

（一）中国

罗汉果为原卫生部首批公布的既是食品又是中药材的物质,作为食品被广泛食用。罗汉果甜苷是被批准的食品添加剂,按照《食品安全国家标准 食品添加剂使用标准》（GB 2760—2014）的规定使用。

（二）美国

罗汉果提取物被批准为公认安全使用（GRAS）物质,可以作为食品添加剂使用。

（三）澳大利亚和新西兰

罗汉果被列在药物名单（listed medicines）中,该名单中的药物即低风险药物,可在超市售卖。罗汉果提取物被批准作为食品添加剂使用。《食品标准法典》标准附录 15 中对罗汉果提取物的使用范围和使用量做出了规范。

（四）其他国家和地区

在日本、加拿大等国家，罗汉果提取物被批准作为食品添加剂使用。

三、罗汉果提取物在食品中的应用

在中国，罗汉果的传统食用方式是先制备成水提取物，然后作为茶或滋补饮料饮用。然而，与传统食用方式不同，虽然在北美已经有一少部分的饮料产品中添加了罗汉果甜苷作为甜味系统的一部分，但迄今，人们对罗汉果甜苷作为甜味剂在食品中的应用经验并不是很丰富。

目前可以肯定的是，罗汉果甜苷在中性或酸性食品及饮料中性质稳定，在巴氏杀菌等生产处理过程中也表现出较高的稳定性。此外，罗汉果甜苷的天然来源的身份，更会使它在食品和饮料包括餐桌甜味剂中的应用具有相当大的潜力。

第四章

甜味剂的安全性

　　甜味剂的安全性经过了大量广泛的毒理学研究的验证,安全性已得到了国际食品安全评价机构的肯定,这些机构对所批准使用的甜味剂的科学评估结论均是:按照相关法规标准使用甜味剂,不会对人体健康造成损害。我国《食品安全国家标准 食品添加剂使用标准》(GB 2760—2014)对允许使用的甜味剂品种及使用范围和最大使用量都有具体规定,只要按标准使用,是有安全保障的。

第一节　甜味剂风险评估的流程

　　风险分析包括风险评估、风险管理和风险交流三部分。其中风险评估是风险分析的核心,为制定风险管理措施提供科学依据,这些措施是用来保护人体健康的。风险评估考虑所有可用的相关科学数据,并在现有知识的基础上发现任何不确定因素。风险评估由危害识别、危害特征描述(包括剂量－反应评估)、暴露评估和风险特征描述四个步骤组成。它是一个概念性框架,针对食品中化学物质的安全性,提供一个固定程序的信息审查和评价机制,这些信息与评估食品中化学物质暴露对健康的可能影响有关。对食品添加剂开展风险评估是食品安全评价机构的中心工作。其中的国际机构包括:联合国粮食及农业组织(FAO)、WHO、食品添加剂联合专家委员会(JECFA)、欧洲食品安全局(EFSA)。另外,美国食品药品监督管理局(FDA)、澳新食品标准局(FSANZ)、各国政府和国际食品法典委员会(CAC)在制定食品甜味剂的最大限量或采取其他风险管理相关措施时均会以 JECFA 的风险评估为基础,并做出最终决策。JECFA 及其他食品安全评价机构开展评估时以科学的原则为基础,并确保在作出风险评估决定时保持必要的一致性。

一、甜味剂质量规格的制定

　　JECFA 及其他食品安全评价机构在进行食品添加剂的安全性评估时,必

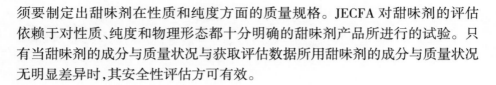

须要制定出甜味剂在性质和纯度方面的质量规格。JECFA 对甜味剂的评估依赖于对性质、纯度和物理形态都十分明确的甜味剂产品所进行的试验。只有当甜味剂的成分与质量状况与获取评估数据所用甜味剂的成分与质量状况无明显差异时,其安全性评估方可有效。

二、危害识别和危害特征描述:毒理学试验和人体试验

大量广泛的毒理学研究被用来确保甜味剂的安全性,这些研究包括吸收和代谢(毒代动力学)试验,致畸、致突变试验,亚急性毒性研究,慢性毒性、致癌试验,以及生殖和发育试验等。这一系列研究是在多个物种中进行的,还包括人体研究。上述试验有许多目的,包括发现潜在的不良作用(危害识别),确定产生不良作用所必需的暴露条件及评估剂量–反应关系(危害特征描述)。在试验初期对甜味剂进行的物质吸收、分布、代谢和排泄(ADME)研究,对于帮助选择合适的实验动物种属和毒理学试验剂量是很重要的。剂量–反应评估是风险评估中危害特征描述的一个重要组成部分。剂量–反应评估用于形成风险评估意见,推导健康指导值。健康指导值来自在最相关物种中进行的最相关终点的剂量–反应评估。第一种方法是确定每日摄入的最大未观察到有害效应剂量(NOAEL)或有时是观察到不良作用的最低水平(LOAEL)作为分离点(POD),这种方法仍然是 JECFA 及其他食品安全评价机构获得健康指导值以保护有阈值的效应的最常用方法。JECFA 和 EFSA 使用的其他方法还包括用基准剂量单侧可信限的下限(BMDL)作为 POD 来获得健康指导值。BMD 方法可作为 NOAEL 方法的替代,并且被越来越多的应用在剂量–反应评估中。该方法确定了风险评估中一个产生可以测量的低效应的暴露水平,或确定作为风险评估 POD 的反应水平。BMD 方法有许多优点,包括统计分析中使用所有的剂量–反应数据,这使信息的不确定性得到了量化。诸如样本量较小或组内个体变异大等数据的高度不确定性,可通过较低的健康指导值反映出来。

三、甜味剂的健康指导值(ADI)

甜味剂的健康指导值被称为 ADI(每日允许摄入量)。ADI 被定义为终生每日摄入某种甜味剂而无可觉察健康风险的估计量值,以单位千克体重的摄入量来表示,通常为 0 到一个上限值的范围。考虑到实验动物和人类之间的潜在作用差异,动物研究中的 NOAEL 除以默认的不确定性因子(也叫安全系数,通常为 100),可被转换成人体每日允许摄入量。JECFA 依据评估时所有可利用的资料,并通常根据最敏感物种的最低 NOAEL 值来制定 ADI。当甜味剂的估计摄入量远远低于通常情况下所赋予的任何 ADI 值时,JECFA

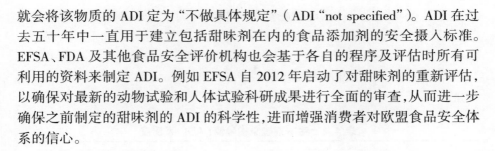

就会将该物质的 ADI 定为"不做具体规定"（ADI "not specified"）。ADI 在过去五十年中一直用于建立包括甜味剂在内的食品添加剂的安全摄入标准。EFSA、FDA 及其他食品安全评价机构也会基于各自的程序及评估时所有可利用的资料来制定 ADI。例如 EFSA 自 2012 年启动了对甜味剂的重新评估，以确保对最新的动物试验和人体试验科研成果进行全面的审查，从而进一步确保之前制定的甜味剂的 ADI 的科学性，进而增强消费者对欧盟食品安全体系的信心。

四、膳食暴露评估

膳食暴露评估是将食物消费量数据与食品中甜味剂的含量数据进行整合。然后将获得的膳食暴露估计值与所关注甜味剂的相关健康指导值进行比较，作为风险特征描述的一部分。评估可分为急性暴露评估或慢性暴露评估。膳食暴露评估应当覆盖一般人群和重点人群。重点人群是指那些对化学物质造成的危害更敏感的人群或与一般人群的暴露水平有显著差别的人群，如婴儿、儿童、孕妇、老年人和素食者。通常情况下，暴露评估将得出一系列（如针对一般消费者和特殊消费者）摄入量或暴露量估计值，也可以根据人群（如婴儿、儿童、成年人）分组分别进行估计。目前，欧盟遵循标准化的方法对甜味剂做了最为详细和全面的暴露评估。日本和韩国同样拥有最新的摄入量数据。JECFA 对包括中国在内的亚洲国家、南美洲国家、澳大利亚及新西兰的摄入量数据也进行了评估，但是这些国家和地区针对甜味剂膳食调查的设计和覆盖面都存在一定的不足。总体而言，自 2008 年以来的暴露评估研究表明全球普通人群的甜味剂摄入量并未超过其相应的可接受的每日摄入量。未来的暴露评估研究应考虑采用更标准化的方法，并考虑监控特定情况下暴露的潜在变化（例如减少糖分），以确保甜味剂的摄入量不发生改变。尤其是对于高危人群，包括糖尿病患者和有特殊饮食要求的儿童，并确保针对甜味剂的风险管理决定基于精确的膳食摄入量分析。

五、风险特征描述

风险特征描述是风险评估过程的第四步，是将危害特征描述和暴露评估的信息进行整合后，向风险管理者提供科学建议。甜味剂的风险特征描述是将估计的或计算出的人体暴露值与相应的健康指导值进行比较。如果暴露值低于健康指导值，那么不需要针对此种甜味剂提供进一步的风险特征描述信息。参与风险评估的人员及公众日益认识到，需要考虑不同种类人工合成及天然存在的混合物质联合暴露所产生的风险（例如消费者会同时摄入不同种类的甜味剂）。直接的试验方法不能解决这种风险评估问题，这已经成为全世界重要风险评估活动的焦点。目前研究的重点已经集中在联合毒理学。近年来,对联合毒理学机制的研究有了重大进展,已经建立重大的理论和实验数据库。EFSA 目前正在进行的甜味剂的重新评估也会考虑到应用联合毒理学机制综合评价甜味剂的安全性。表 4-1 列举了常见甜味剂的 ADI 和甜度。

表 4-1 甜味剂健康指导值(ADI)及甜度

甜味剂	JECFA ADI (mg/kg bw/d)	相对蔗糖甜度	代替 25g 蔗糖所需量
山梨糖醇	不做具体规定	0.6 倍	42g
甘露糖醇	不做具体规定	0.6 倍	42g
麦芽糖醇	不做具体规定	0.9 倍	28g
赤藓糖醇	不做具体规定	0.7 倍	36g
乳糖醇	不做具体规定	0.4 倍	63g
木糖醇	不做具体规定	1 倍	25g
安赛蜜	0~15	200 倍	125mg
阿斯巴甜	0~40	200 倍	125mg
糖精	0~5	300 倍	80mg
三氯蔗糖	0~15	600 倍	40mg
甜蜜素	0~11	50 倍	0.5g
甜菊糖苷	0~4	200~300 倍	80~125mg
罗汉果甜苷	未经 JECFA 评价	300 倍	80mg

注:ADI 来自 JECFA,甜度在 Magnuson 和 Lenhart 的基础上修改而得。

第二节 主要甜味剂的安全性评价

一、糖醇

根据 JECFA 公布的毒理数据,通过对小鼠、大鼠、狗、兔子等的毒性试验,未观测到山梨糖醇、甘露糖醇、麦芽糖醇、赤藓糖醇、乳糖醇和木糖醇有急性、亚急性、慢性及三致毒性。故 JECFA 对麦芽糖醇、麦芽糖醇液、山梨糖醇、山梨糖醇液、甘露糖醇、赤藓糖醇、乳糖醇和木糖醇的 ADI 值规定为"不做具体规定"。也就是说,专家委员会基于现有的生化、化学和毒理学数据认为日常摄入上述糖醇没有健康风险。经动物和一些人体试验发现,一次性高剂量的摄入多元糖醇会引起一些胃肠道不适,当剂量很高,超过人体的耐受力时会有腹泻反应,这主要是因为糖醇是低消化率的碳水化合物,未被消化的部分将进入大肠进行发酵,当其超出大肠的代谢能力时,由于渗透压的作用,会引起腹泻这种生理反应。这种反应不仅仅是糖醇才有,当日常生活中一次摄入大量的水果、蔬菜时也会出现类似的症状。耐受性受多种因素的影响,如糖醇的种类,个体差异(如年龄、性别等),摄入的剂量及频率等。相对于单糖糖醇,通常人们对二糖糖醇有更好的耐受性。欧盟食品科学委员会认为每日摄入 20g 糖醇不会产生腹泻,但是过量摄入糖醇可能引起腹泻。

二、人工甜味剂

(一)阿斯巴甜

阿斯巴甜是研究数据最详尽的食品添加剂之一。在进入市场以前,监管部门对阿斯巴甜及其代谢产物进行了多项严格精密的动物和人体安全性测试。JECFA 基于大量的理化、毒理及人体临床试验,在 1981 年确定了阿斯巴甜的 ADI 为 40mg/kg bw/d。在经口摄入后,阿斯巴甜在胃肠道内会迅速代谢为天冬氨酸、苯丙氨酸和甲醇,不会有未分解的阿斯巴甜进入血液。天冬氨酸和苯丙氨酸是食物中含有的常见氨基酸,与一瓶含有阿斯巴甜的苏打汽水相比,摄入 100g 鸡肉后会代谢产生 40 倍高的天冬氨酸和 12.4 倍高的苯丙氨酸。大剂量甲醇确实会对健康产生负面影响,但是阿斯巴甜产生的甲醛量远小于人体正常饮食产生的甲醛量,哪怕以最大剂量摄入阿斯巴甜,在血液中甲醛和甲酸浓度也并无明显升高。欧盟对 500 多项研究综述中认为,日常食物和饮料中摄入阿斯巴甜产生的代谢副产物的量与人们摄入天然蔬果产生的消化副产物类似,均不可能对人体健康造成伤害。阿斯巴甜在小鼠、大鼠、狗、兔子体内的急性毒性非常低。同样,通过对小鼠、大鼠和狗进行的亚急性毒性测试也没有发现明显的毒性作用。现有科研证据也排除了阿斯巴甜导致基因毒性和致癌的潜在风险。因此在 2013 年,作为食品添加剂之一,在完成史上最复杂全面的科学性评估的基础上,阿斯巴甜的安全性再次被 EFSA 确认,同时 EFSA 认为没有必要对之前建立的 ADI(40mg/kg bw/d)进行修改。但是,此 ADI 不适用于苯丙酮尿症(PKU)患者,因为这些患者需要严格控制膳食来源的苯丙氨酸,从而避免苯丙氨酸在血浆中升高所带来的健康风险。自 20 世纪 80 年代获得批准以来,一些报道对阿斯巴甜提出了许多质疑,然而这些报道多数来自于发表在互联网、流行期刊等非学术性媒体上的奇闻轶事和一些设计不严谨的研究。事实上,来自制定法规的政府和权威机构的系统综述和特定毒理学研究均证明这些与阿斯巴甜有关的负面报道都缺乏科学依据。

（二）三氯蔗糖

三氯蔗糖的安全性也被广泛审查。有超过 150 项动物和临床研究证实三氯蔗糖在人体中既没有不利的健康影响，也不会增加患癌症的风险，这些研究包括急性、亚急性、慢性毒性试验，三致毒性试验，动物及人体的吸收、分布、代谢及清除研究，神经毒性、免疫毒性、特定代谢产物的研究，以及健康人群和糖尿病人群的研究。JECFA 基于大量的试验在 1989 年建立了 0~3.5mg/kg bw/d 的临时 ADI，并在 1991 年基于新的大鼠长期喂养试验（最大无作用计量为 1 500mg/kg bw/d）将 ADI 提高到 0~15mg/kg bw/d。三氯蔗糖在水中有着非常高的溶解度，在人体内几乎不会被吸收和代谢，摄入体内的三氯蔗糖主要由粪便排出。研究还证实，三氯蔗糖的消费对所有人群都是安全的，包括孕妇，哺乳母亲和儿童。在一系列对健康人群和糖尿病患者的研究中发现，三氯蔗糖对血糖稳态没有影响，它不会干扰正常的碳水化合物代谢及胰岛素分泌。众多国家和国际机构，如 JECFA、FDA、EFSA、FSANZ、日本卫生和福利部、加拿大卫生和福利部等，以及独立专家组都认为其作为食品添加剂是安全的。

（三）甜蜜素

1951 年甜蜜素首次作为药物被批准应用于糖尿病等需要严格限制糖摄入的人群，并在 1958 年被美国 FDA 列入 GRAS 名单。1969 年，美国 FDA 根据一项有争议的研究撤销其批准，在此项研究中大鼠被给予极高剂量的甜蜜素和糖精（10∶1）后发现了膀胱肿瘤。此后，大量设计良好的科学研究针对甜蜜素、甜蜜素 – 糖精混合物和环己基氨基磺酸盐 – 环己胺（CHA）进行了更全面的毒性和致癌性研究。研究动物模型包括大鼠、小鼠、狗、仓鼠和猴子，研究结果均未显示甜蜜素和癌症之间存在任何联系。体外细胞模型的致突变试验也未发现甜蜜素致畸。同样，人群流行病学研究也未发现甜蜜素与癌症的关系。1984 年，美国食品和药物管理局总结："许多实验的综合结果……表明甜蜜素不致癌。" 1985 年，美国国家科学院报告总结："动物研究的全部证据表明甜蜜素或其主要代谢产物环己胺本身不具有致癌性。" 2009 年，美国国家癌症研究所在重新检查甜蜜素的致癌性和评估其他数据后得出甜蜜素不是致癌物质的结论。

由于致癌问题已得到解决，科研和监管机构已将注意力集中在甜蜜素其他安全评价问题上，尤其是那些与环己胺 ADI 有关的问题。然而建立环己胺的 ADI 很困难，因为不同的人以不同的方式代谢这种甜味剂。甜蜜素本身显示出非常低的毒性。在大多数个体中，摄入的甜蜜素在尿液中以原形被消除，这表明它在人体中很少甚至没有被代谢。然而，一些研究表明，甜蜜素可以被肠道细菌代谢成环己胺，这在一些个体中显示出更大的毒性。这种常见的代谢物从肠道吸收到体内，并在尿液中迅速排出。转换率存在较大的个体间差异。有些人被认为是非转换者，有些人被认为是高转换者。因此假设甜蜜素的每日总摄入量全部代谢为环己胺是不合适的。对于大鼠中的环己胺，假设每天摄入的甜蜜素 18.1% 代谢成环己胺。甜蜜素摄入后环己胺的血浆浓度将取决于肠道菌群的代谢程度和血液中的环己胺的消除速度。最后通过最敏感的大鼠动物模型，明确了甜蜜素的 NOAEL 值为 100mg/kg bw/d。

（四）安赛蜜

安赛蜜最早在英国、德国和法国批准使用。到目前为止，已有包括我国、美国和澳大利亚等 90 多个国家批准使用。在大多数国家，安赛蜜都受到了严格的监管。1970 年开始进行了安赛蜜的各种毒理试验，近百项研究证实安赛蜜在人体内可以迅速以原形由尿液排出，在体内不蓄积，无致癌、致畸、致突变的毒性。JECFA 第 27 次会议上主要根据一项 2 年狗喂养试验的结果（最大无作用剂量为 900mg/kg bw/d）将 ADI 设为 9mg/kg bw/d。1990 年 JECFA 对安赛蜜重新进行评价，认为小鼠是更为适宜的试验模型，2 年的小鼠长期喂养试验能够代表更长的生命周期，基于该项试验的结果及其他有关资料，JECFA 将 ADI 提高到了 0~15mg/kg bw/d。在美国 FDA 批准这种甜味剂用于干制食品之前，已经进行了 90 多项安全性方面的研究，并且在美国 FDA 批准其用于饮料之前，评估了其在液体中的稳定性及可能的分解产物的安全性影响。几个主要食品安全机构（美国 FDA、加拿大卫生部、EFSA、南方共同市场、澳新食品标准局）也确认了安赛蜜的安全性。

（五）糖精

糖精是应用最广的甜味剂之一，作为甜味剂至今已有 100 多年的历史，目前糖精在中国、美国、加拿大、欧盟、日本和澳大利亚等 100 多个国家和地区批准使用。糖精是一种水溶性酸，在人体内不会被代谢，摄入体内的 85%~95% 的糖精会从尿液排出，剩下的糖精会从粪便排出。糖精有着非常复杂的监管历史，美国甚至一度准备禁止糖精的使用。1977 年，加拿大的一项多代大鼠喂养实验发现了大剂量的糖精钠可以导致雄性大鼠膀胱癌，为此美国 FDA 提议禁止使用糖精。此后大量的科学研究证实在允许使用量范围内糖精无致癌性，1991 年美国 FDA 撤回了禁止使用糖精的提议。1993 年 JECFA 第 41 次会议对糖精进行重新评价，评价认为现有的流行病学资料不能说明糖精的摄入会增加人类膀胱癌的发生率，将糖精致雄性大鼠膀胱癌的结论外推至人类是不合适的，并在 2 代小鼠长期喂养试验结果的基础上把糖精 ADI 值从 0~2.5mg/kg bw/d 提高到了 0~5mg/kg bw/d。

三、天然甜味剂

（一）甜菊糖苷

甜菊糖苷是从甜叶菊中提取出来的一种高甜度、低热量的非营养型天然甜味剂。1998 年到 2008 年，JECFA 对甜菊糖苷进行了多次安全性评价。在 2009 年第 69 次会议上，专家组认定甜菊糖苷的 ADI 值为 0~4mg/kg bw/d（以甜菊醇当量计）。甜菊糖苷的毒理学研究表明，完整的甜菊糖苷和瑞鲍迪苷 A 很难被吸收，但可以被肠道菌群水解成甜菊醇，甜菊醇经代谢随尿液排出体外。对 2 型糖尿病患者连续 16 周给予每天 1 000mg 的瑞鲍迪苷 A（瑞鲍迪苷 A 平均摄入量为 3.4mg/kg bw/d，以甜菊醇当量计），对血糖控制未出现副作用。对血压正常或低于中值的人群连续 4 周给予每天 1 000mg 的瑞鲍迪苷 A（瑞鲍迪苷 A 平均摄入量为 4.6mg/kg bw/d，以甜菊醇当量计），血压未发生显著的临床学变化。生殖发育毒性研究表明，对仓鼠给予 2 500mg/kg bw/d、对大鼠给予 3 000mg/kg bw/d 的甜菊糖苷（纯度为 90%~96%），未产生毒性作用。对大鼠给予 1 000mg/kg bw/d 的甜菊糖苷（纯度为 95.6%），未产生致畸作用。

（二）罗汉果提取物

罗汉果是中国特有的葫芦科藤本植物的果实，是一种传统的中药配料。罗汉果为原卫生部首批公布的既是食品又是中药材的物质，在中国及其他亚洲国家作为食品、饮料、调味品和中药有着广泛的安全食用史。近年来，罗汉果因被发现含有多种化学活性成分及强甜味物质而受到了国内外的广泛关注。罗汉果中呈现甜味的物质主要是罗汉果甜苷（Ⅱ、Ⅲ、Ⅳ、Ⅴ和Ⅵ），这其中罗汉果甜苷 Ⅴ 的含量最高。在大鼠体内罗汉果甜苷 Ⅴ 大部分会被消化酶和肠道菌群降解，并以糖苷配基及其单糖和二糖苷的形式通过粪便排出。大鼠、小鼠喂养试验显示，罗汉果提取物的急性毒性很低，可归类为"实际无毒"水平。在大鼠 28 天及 90 天喂饲试验中，罗汉果提取物的耐受性很好，没有发现任何显著不良反应。在细菌回复突变试验和哺乳动物红细胞微核试验中，未发现罗汉果提取物的遗传毒性或细胞毒性。目前没有发现罗汉果提取物的致癌和生殖毒性试验报道。在临床研究中，未发现罗汉果提取物对健康受试者血糖水平有影响，也未发现其对受试者的肝酶（碱性磷酸酶、谷氨酰转肽酶、谷丙转氨酶、天门冬氨酸氨基转移酶、乳酸脱氢酶）有不良影响，同时关于其他不良反应也未见报道。目前，罗汉果提取物的安全性并未经 JECFA 评价。JECFA 在 2014 年第 46 届会议上，按照美国的建议将罗汉果提取物保留在拟议评估的物质优先清单上。在美国，罗汉果提取物被批准为 GRAS 物质。FDA 已针对 4 份罗汉果提取物的 GRAS 发出"无疑问"的评价（GRN 301、359、522、556），并认可了基于罗汉果甜苷 Ⅴ 的摄入量 2.5mg/kg bw/d 对人体是安全的。

第三节　关于人工甜味剂安全性的争议

一、潜在致癌性的争议

有一些报道称阿斯巴甜和三氯蔗糖可提高某些癌症的发病率。然而,还有更多的研究指出阿斯巴甜及其代谢产物对人们是安全的。阿斯巴甜被消化成天冬氨酸和苯丙氨酸,天冬氨酸和苯丙氨酸天然存在于许多其他常见的食品中,如牛奶、橙汁等。研究认为甜味剂的摄入与消化道肿瘤和激素相关肿瘤在内的主要肿瘤没有任何关联。另外,一项收集了 11 000 多例 13 岁以上不同癌症人群的研究中,通过考量吸烟、酒精消费、总能量摄入等混杂因素后表明甜味剂不增加任何癌症的患病风险。在对甜味剂种类进行细分后,糖精、阿斯巴甜和其他甜味剂与癌症风险增加无关,后续的研究表明甜味剂与胃癌、胰腺癌和子宫内膜癌无关。

为进一步了解甜味剂与癌症之间关联的真实情况,EFSA 于 2006 年和 2013 年开展了广泛的审查。法国食品健康安全局、美国国家毒理学计划、FDA、加拿大卫生部等专家小组均同意以下观点:

——没有可靠的证据表明阿斯巴甜具有致癌性。

——无须进一步审查阿斯巴甜的安全性。

——无须修改先前建立的 ADI。

二、影响肠道微生物群的争议

食物对肠道菌群的影响是当前研究的热点,越来越多的研究表明肠道菌群作为机体的一部分有助于调节包括胃肠道功能在内的全身健康,甚至有助于慢性非传染性疾病的防治。然而有争议的是,虽然生活方式改变如增加体力活动和降低体重可以影响健康,但膳食成分对肠道微生物的作用是最强有力的直接影响因素,并且变化通常发生在 24 小时之内,碳水化合物和膳食纤维是被研究的最广泛的影响肠道健康的膳食成分。

并不是所有的甜味剂都会进入大肠并接触到肠道菌群。阿斯巴甜会被完全代谢为氨基酸和甲醇并在小肠内被吸收,所以阿斯巴甜及其代谢产物并不会接触到肠道菌群。一篇动物试验研究指出,甜味剂改变了肠道菌群。还有人声称三氯蔗糖会影响肠道菌群,并可能导致小鼠肝脏出现炎症。为了验证这种说法是否可信,一项研究用高剂量三氯蔗糖喂食实验动物,结果发现,实验组微生物群落的变化与对照组的结果相似。此外,毒理学研究已经很好地证明了高剂量三氯蔗糖终生喂养时不会对试验动物有不良影响。然而,通常试验动物和人类的菌群谱差异巨大,从动物试验结论推论到人身上有很大的局限性;其次,动物实验研究所用的甜味剂剂量都非常高,而人们正常饮食中不可能达到;最后,更好地控制已知的会影响肠道菌群的其他因素对于进一步评估甜味剂对肠道微生物群的潜在影响也非常重要,例如饮食量的改变,食物组成的变化,以及甜味剂配方中载体的成分。截至到目前并没有对人的观察性研究或干预性研究证明甜味剂对肠道菌群的影响。所以在正常饮食中极低量的甜味剂摄入会造成临床影响的说法是没有科学依据的。

第五章

甜味剂的健康益处

甜味剂取代了食品和饮料中的蔗糖等有能量或高能量的甜味剂,降低了膳食中的能量水平,同时又不影响人们对甜味食物和饮料的享用。大量的科学证据证明甜味剂具有低能量、无致龋性、缓慢地或不完全地被肠道吸收等特性,因而对人体有许多健康益处,例如保护口腔健康、稳定血糖和血胰岛素、维持体重平衡等。

第一节　甜味剂与体重管理

在普通食品和饮料中使用甜味剂代替糖,可以降低这些食品饮料的能量密度,从而显著降低能量摄入。虽然有研究声称甜味剂的使用者会刺激机体通过其他途径弥补"失去"的能量从而无法直接获得益处,但 Roger 等研究人员做的一个系统性回顾中论证了无论短期还是长期的甜味剂膳食替代糖,人体临床实验研究都证明其对健康有益处。

在该研究纳入的 56 个短期预防实验中,证实与普通糖相比,使用甜味剂能降低能量的摄入。值得注意的是,在所有的超过 1 天的研究中,相比对照组(糖或水组),甜味剂组的总能量摄入是最低的,尽管摄入的差异幅度上有所不同,如表 5-1 所示。

该研究还总结了现有的 RCT 实验、公开发表的系统回顾和 meta 分析的结果,证据表明在儿童和成年人中,用甜味剂代替糖的摄入有助于降低能量摄入和维持体重,如表 5-2 所示。RCT 实验的结果比较一致地表明,用甜味剂替代膳食中的糖能够降低能量摄入从而降低体重,但用于评估甜味剂是否与体重指数和肥胖风险升高相关的观察性研究则未得到一致性的结论。一些观察性数据主张甜味剂的消费可能与长期的体重指数和肥胖风险升高有关系。但是这些观察性研究的局限性在于:特殊的场合、颠倒的因果关系及不能证明的因果关系等,还包括一些未考量的混杂因素。

表 5-1　不同受试物（糖、无甜味对照物质、水、无添加及安慰剂）
与体重管理相关 RCT 研究

研究类型与数量 （及对照数量）	结　　果
短期随机对照实验（≤1 天） （56 项实验，129 项对照）	随意进餐实验，能量来自膳食及添加物，添加物有甜味剂、糖（与甜味剂对等）、无甜味对照物质、水、无添加及安慰剂： 在儿童及成年人中，甜味剂组能量摄入均较添加糖组低；甜味剂组结果与无甜味对照物质组、加水组、无添加组及安慰剂组相比较，能量摄入量均无统计学差异
持续随机对照实验（>1 天） 以能量摄入量为结果的研究 （10 项对照）	在所有研究中，总摄入能量绝对值及摄入能量变化绝对值均是甜味剂组更低。 甜味剂组与加糖组相比：低 75~514kcal/d； 甜味剂组与加水组相比：低 126kcal/d（仅一项对照）

注：摘自 2018 年 ISA 手册。

表 5-2　甜味剂与体重管理长期研究系统综述

研究类型与数量 （或对照数量）	结　　果
4 周及更长的随机对照实验， 研究甜味剂对机体体重影响 （10 项研究与 12 项对照）	与糖相比，用甜味剂代替引起的体重改变： 低 1.41kg（8 项研究比较） 在儿童中，甜味剂组与加糖组相比： 低 1.02kg（1 项对照，de Ruyter 等 2012 年的研究） 在儿童中，甜味剂组与加水组相比： 低 1.24kg（3 项对照：Tate 等 2012 年的研究；Maersk 等 2012 年的研究；Peters 等 2014 年的研究）

注：摘自 2018 年 ISA 手册。

　　理论上，如果没有额外的补偿性糖摄入，甜味剂替代添加糖能够通过降低能量摄入而有助于体重管理。美国糖尿病学会（ADA）赞成用甜味剂结合健康饮食的方式帮助消费者降低能量摄入和控制体重，以及控制糖尿病、预防龋齿等。

第二节　甜味剂与糖尿病及血糖管理

甜味剂常被推荐给糖尿病患者使用,因为这类人群需要严格控制碳水化合物和总能量的摄入,以维持正常的血糖水平。甜味剂代糖膳食对糖尿病患者血糖水平的作用在过去数十年中已经被广泛研究过,研究结果一致认为甜味剂不会影响餐后的血糖水平和胰岛素水平。

欧盟法规 Regulation(EU)No 432/2012 中规定了如下健康声称:与消费含添加糖食品相比,消费含糖醇类、三氯蔗糖等甜味剂的食品会降低餐后血糖和胰岛素水平。

总之,添加甜味剂的食物和饮料在满足糖尿病患者对甜食需求的同时,不会带来血糖迅速上升的风险。使用甜味剂代替添加糖能够减少总能量的摄入,并成为体重管理的有效工具,这对于需要减肥或预防额外体重增加的 2 型糖尿病或糖尿病前期患者十分重要。通过改变生活方式,如改善饮食质量和增加体育锻炼,可以帮助达到更健康的体重,从而显著降低患 2 型糖尿病的风险。因此,不应过分期望甜味剂本身会导致体重减轻或降低血糖水平,但甜味剂可以成为糖尿病患者控制血糖水平的高质量整体饮食的一部分。表 5-3列举了甜味剂对健康人群和糖尿病患者血糖控制的影响文章总结,表 5-4 列举了各国际组织对糖尿病管理的营养指南:关于在糖尿病饮食中使用甜味剂的建议。

表 5-3　甜味剂对健康人群和糖尿病患者血糖控制的影响文章总结(40 项研究)

研　　究	结 果 摘 要
急性、短期、单剂量研究	
健康人群研究(22 项研究) (Okuno 等, 1986; Horwitz 等, 1988; Rodin 等, 1990; Härtel 等; 1993; Geuns 等, 2007; Ma 等, 2009; Brown 等, 2009; Anton 等, 2010; Ma 等, 2010; Ford 等, 2011; Steinert 等, 2011; Brown 等, 2011; Maersk 等, 2012a; Brown 等, 2012; Wu 等, 2012; Pepino 等, 2013; Bryant 等, 2014; Hazali 等, 2014; Temizkan 等, 2015; Sylvetsky 等, 2016; Tey 等, 2017; Higgins 等, 2018)	甜味剂与安慰剂或水的比较研究: 在所有研究中,甜味剂组与安慰剂组或水组间均未见血糖及胰岛素水平存在差异。只有一项非盲法且研究人群为糖耐量受损的肥胖人群研究结果例外 甜味剂组与标准餐或糖/碳水化合物比较研究: 在所有研究中,甜味剂组的血糖及胰岛素水平均比糖组更低

续表

研　　究	结 果 摘 要
1 型与 2 型糖尿病人群研究（9 项研究）（Shigeta 等，1985；Okuno 等，1986；Horwitz 等，1988；Cooper 等，1988；Mezitis 等，1996；Gregensen 等，2004；Brown 等，2012；Olalde-Mendoza 等，2013；Tezmikan，2015）	甜味剂与安慰剂或水的比较研究：在大部分研究中，均未见血糖及胰岛素水平在甜味剂组与安慰剂组或水组间有差异；2 项研究中，对血糖的影响，甜味剂组与对照组相比更低
	甜味剂组与标准餐或糖 / 碳水化合物比较研究：在所有研究中，甜味剂组的血糖及胰岛素水平均比糖组更低
长期研究（2 周到 6 个月）	
健康人群研究（5 项研究）（Baird 等，2000；Maersk 等，2012b；Engel 等，2018；Grotz 等，2017；Higgins 等，2018）	甜味剂长期使用对血糖（空腹血糖及胰岛素、糖化血红蛋白）及胰岛素敏感性无影响
1 型与 2 型糖尿病人群研究（10 项研究）（Stern 等，1976；Nehrling 等，1985；Okuno 等，1986；Cooper 等，1988；Colagiuri 等，1989；Grotz 等，2003；Reyna 等，2003；Barriocanal 等，2008；Maki 等，2008；Argianna 等，2015）	在大多数研究中，甜味剂长期使用对血糖控制（空腹血糖及胰岛素水平、C 肽、糖化血红蛋白）及胰岛素敏感性无影响；在 2 项研究中，膳食中使用甜味剂对糖化血红蛋白有轻微改善作用

注：摘自 2018 年 ISA 手册。

表 5-4　糖尿病管理的营养指南：关于在糖尿病饮食中使用甜味剂的建议

组织机构（发布年份）	低能量甜味剂（甜味剂）在糖尿病管理中作用的建议
英国糖尿病协会（2018）	● 甜味剂是安全的，可以被推荐； ● 甜味剂有可能降低总体能量和碳水化合物的摄入量，并且在适度消费的情况下可能优于糖； ● 对于需要控制能量摄入和体重管理的人群，甜味剂可能是一种有效选择； ● 甜味剂用作低能量饮食的一部分时，可能有助于降低糖化血红蛋白（HbA$_{1c}$）
美国糖尿病学会（2018）	● 甜味剂在规定的每日可接受范围内使用是安全的； ● 如果替代能量（糖）甜味剂，并且没有通过从其他食物来源额外摄入能量，则使用甜味剂能降低总能量和碳水化合物的摄入

续表

组织机构（发布年份）	低能量甜味剂（甜味剂）在糖尿病管理中作用的建议
美国营养师学会 （2017）	• 注册营养师和营养学者（RDNs）应该对患有糖尿病的成年人进行教育，摄入经批准的甜味剂不会对血糖控制产生重大影响； • 研究报告，不依赖于体重减轻，消费甜味剂（如阿斯巴甜、甜菊糖苷和三氯蔗糖）对糖化血红蛋白（HbA$_{1c}$），空腹血糖水平或胰岛素水平没有显著影响

注：摘自 2018 年 ISA 手册。

第三节　甜味剂与牙齿健康

龋齿是最常见的可预防疾病之一，至 2009 年全世界约有 24.3 亿人（占人口的 36%）患有龋齿。WHO 指出，尽管一些国家的人群口腔健康状况有了很大改善，但问题仍然存在。中国的龋齿情况也不乐观，根据 2005 年全国第三次口腔卫生流行病学调查，只有 14% 的中老年受调查者牙周状况良好。5 岁、12 岁、35~44 岁和 65~74 岁年龄组龋病患病率分别为 66%、29%、88% 和 98%。此外，在全球医疗卫生支出方面，据 WHO 估计，包括龋齿在内的口腔疾病支出位列第四，因此找到预防龋齿发生的方法十分迫切。

龋齿是由于细菌引起牙齿即牙釉质、牙本质和牙骨质脱矿而形成。它与多种因素有关，如食物成分、唾液（pH 值，液体的量）、牙菌斑，甚至刷牙习惯健康教育等。可发酵的碳水化合物，特别是糖类，已被列为是引起龋齿病因的主要因素。碳水化合物被牙菌斑细菌发酵时，产生酸性产物。如果产酸较多，则口腔内 pH 值可降至临界值 5.7 以下并开始溶解牙釉质。如果牙齿表面的酸化持续一段时间，牙釉质就无法再矿化，并产生龋洞，形成由致龋菌引起的龋齿。一篇为 WHO 糖摄入量指南做支持的系统综述指出，确信的证据显示不同年龄组游离糖摄入与龋齿的发生发展相关。同时还指出限制游离糖的摄入低于日能量摄入的 10% 可以降低发生龋齿的风险。

如上所述，龋齿的发展受到若干因素变化的影响，包括生物膜中的微生物变化、唾液特性（例如流动、缓冲能力、pH 值）、食物的产酸性、牙齿的矿化、牙菌斑中的细菌总数及时间等。这些参数常被用在体外培养实验、斑块 pH 试验、动物和临床实验中，用以评价低能量和无能量甜味剂（如多元醇和罗汉果提取物）对龋齿的预防作用。

木糖醇是最早被发现有预防龋齿作用的甜味剂。首先木糖醇是非致龋性的,口腔中的牙细菌不能发酵木糖醇,因此摄入木糖醇不会产酸。其次,木糖醇的独特性还在于能抑制新龋齿的发生,世界各地大量的临床和现场实验已证明了这一点,其中一些研究是在 WHO 的资助下开展的。这些研究显示定期食用含木糖醇的食物,特别是口香糖,与其他传统的口腔护理方法结合起来,能减少新发龋齿的发病率。木糖醇被口腔医生广泛接受的其他显著健康益处,包括减少致龋齿细菌的数量、减少牙菌斑、促进牙釉质再矿化。

与木糖醇相比,麦芽糖醇的防龋齿作用较晚才被关注。多种类型的研究(体外培养实验、斑块 pH 研究、动物实验和人体临床试验)已经证明,麦芽糖醇与木糖醇一样是难以发酵的碳水化合物,且在临床试验中证实具有与木糖醇相同的口腔健康的作用。使用 pH− 遥测技术方法证明,麦芽糖醇不会导致牙菌斑酸化,使其 pH 值降至临界值 5.7 以下,如图 5−1 所示。该测定法在欧洲和中国两个不同种族的志愿者中进行,未发现存在任何差异。此外,证实麦芽糖醇具有"保护牙齿"的作用,因此可以在麦芽糖醇的标签上标出国际齿友协会认证的标志,该结果与 Imfeld 等人报道的结果一致。此外,一些 RCT 研究已经充分证明了含有麦芽糖醇的口香糖对改善唾液、牙菌斑、牙釉质再矿化和牙龈炎的积极益处。

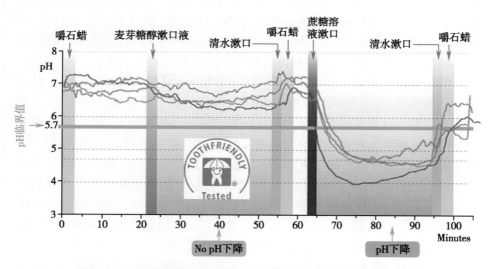

图 5−1 麦芽糖醇溶液与蔗糖对照溶液的比较中的 pH− 遥测记录

山梨醇的致酸性和致龋性已被广泛研究。与葡萄糖或蔗糖相比,山梨醇可以被口腔菌斑生物(主要是链球菌)利用,缓慢发酵,可以略微降低牙齿的 pH 值。

关于甘露醇对牙齿作用的信息很少,通常与山梨醇一同进行测试,在体外和大鼠实验中观察到和山梨醇相似的发酵速率、牙菌斑 pH 曲线和致龋性。

大多数评估山梨醇对人类牙齿健康影响的临床试验都是山梨醇口香糖，并且只有少数临床试验是专门针对山梨醇进行的。这些实验大多数聚焦于木糖醇、木糖醇／山梨醇或山梨醇／麦芽糖醇的混合物。

Deshpande 和 Jadad 进行的一项包含 19 项研究的荟萃分析表明，与未咀嚼口香糖组相比，咀嚼只含有山梨醇或者木糖醇与山梨醇混合物口香糖的两组均可对龋齿产生预防作用，平均龋齿预防率（95% 置信区间）分别为 52.8%（40.0%，66.0%）和 20.0%（12.7%，27.3%）。然而，山梨醇／甘露醇口香糖组和无口香糖组之间的平均预防率没有显著差异。

鉴于大量的科学证据，EFSA 已经批准麦芽糖醇、山梨醇和甘露醇可以采用健康声称"对于牙齿是安全的"和"在饭后使用时促进牙齿的再矿化"，这和美国 FDA 允许声称"不导致蛀牙"相似。

关于赤藓糖醇对牙菌斑（生物膜）、龋齿和牙周病的潜在影响，一篇文献综述比较了赤藓糖醇与木糖醇和山梨糖醇对口腔健康的功效。结果表明，赤藓糖醇可有效降低牙菌斑重量和常见链球菌等口腔细菌对牙齿表面的黏附，抑制变形链球菌等相关细菌的生长和活性，降低参与蔗糖代谢的细菌基因表达，减少龋齿总数，并作为龈下空气抛光的合适基质，取代传统的齿根刮治术。

在一项多元醇糖果的消费对龋病率影响的研究中，研究人员在学校开展了为期 3 年的跟踪，入组年龄为 7 至 8 岁的儿童受试者，跟踪并收集了全口唾液和牙菌斑的研究样本。在几乎所有干预年中，与其他组相比赤藓糖醇组中牙菌斑重量都比基线显著降低（$P<0.05$），赤藓糖醇的消费量通常与唾液中牙菌斑、变形链球菌的数量显著（$P<0.05$）相关，而唾液乳杆菌的水平则没有变化。与其他儿童相比，食用三年含赤藓糖醇糖果的 7 至 8 岁儿童牙菌斑生长减少，牙菌斑中乙酸和丙酸水平降低，口腔中变形链球菌数量减少。

附录 食品甜味剂科学共识

《食品甜味剂科学共识》
联合发布
科信食品与营养信息交流中心
中华预防医学会健康传播分会
中华预防医学会食品卫生分会
中国疾病预防控制中心营养与健康所
中国食品科学技术学会食品营养与健康分会
食品与营养科学传播联盟

随着我国居民生活水平提高,因能量摄入过多导致的慢性疾病呈高发态势。国务院办公厅颁布的《国民营养计划(2017—2030年)》中明确提出要积极推进全民健康生活方式行动,广泛开展以"三减三健"(减盐、减油、减糖,健康口腔、健康体重、健康骨骼)为重点的专项行动,其中"减糖"是控制能量摄入的重要内容之一。

然而,人对甜味的喜好是与生俱来的,婴儿出生第一天就会在尝到甜味后露出笑容。如何才能既满足人们对甜味的喜好,而又不过多地摄入糖呢?特别是对于需要控制糖摄入的人群,是一个重要问题。甜味剂作为赋予食品以甜味的食品添加剂,为这些人群提供了一种可行的选择。因甜度高、能量低或不含能量、工艺性能稳定、安全性高等特点,甜味剂在过去100多年间在许多国家和地区越来越广泛地被应用于食品和饮料。

目前全球广泛使用的甜味剂有数十种,包括天然来源的和人工合成的。我国批准使用的有二十种,包括世界上大部分国家和地区所批准使用的甜味剂,如阿斯巴甜、安赛蜜、糖精和甜蜜素等,都有长期安全使用的历史。

为帮助公众更全面了解甜味剂,并根据自身需求选择适合自己的食品,科信食品与营养信息交流中心、中华预防医学会健康传播分会、食品卫生分会、中国疾病预防控制中心营养与健康所、中国食品科学技术学会食品营养与健康分会、食品与营养科学传播联盟等食品、营养、健康传播领域的六家专业机构在专家讨论的基础上,联合发布《食品甜味剂科学共识》。

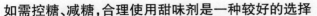

如需控糖、减糖，合理使用甜味剂是一种较好的选择

与蔗糖、果葡糖浆等添加糖相比，甜味剂具备以下特点。

第一，甜度高。大多数甜味剂的甜度相当于蔗糖的数十至数千倍不等，因此只需极少的量就能获得适宜的甜度。

第二，能量低。甜味剂通常不提供能量或只提供较少的能量，因而让人们在享受甜味的同时可明显减少能量摄入。同时由于它的血糖反应小，因此可供高血糖者及糖尿病患者食用。

第三，甜味剂可以减少因糖摄入带来的龋齿风险。

此外，甜味剂的水溶性和加工稳定性好，在食品加工中使用方便。

目前，市场上有很多使用甜味剂的低糖、无糖食品和饮料，为需要减糖和控糖的消费者提供了更多选择。建议消费者在购买之前阅读食品标签，合理选择适合自己的产品。对于糖尿病患者，可以根据医生的建议来选择。

甜味剂在食品行业应用广泛

甜味剂是食品添加剂中的一个类别，在过去的 100 多年间，甜味剂已经广泛应用于面包、糕点、饼干、饮料、调味品等众多日常食品和饮料中。

使用甜味剂能显著减少食物和饮料中的能量，有时甚至可以做到无能量。需要注意的是，低糖、无糖食品饮料中可能会有其他能量来源，所以"无糖"并不一定"无能量"。食品或饮料的能量含量，消费者可以通过产品标签上的营养成分表了解。

我国是甜味剂生产和出口大国，主要品种包括糖醇类，例如木糖醇、麦芽糖醇、赤藓糖醇等；高倍甜味剂，例如甜蜜素、糖精（钠）、阿斯巴甜、安赛蜜、三氯蔗糖；以及天然甜味剂，例如甜菊糖苷、罗汉果甜苷等，为消费者提供了多样的选择。

按规定使用甜味剂是安全的

甜味剂在美国、欧盟及中国等 100 多个国家和地区广泛使用，有的品种使用历史已长达 100 多年。甜味剂的安全性已得到国际食品安全机构的肯定，国际食品法典委员会、欧盟食品安全局、美国食品药品监督管理局、澳大利亚新西兰食品标准局、加拿大卫生部等机构对所批准使用的甜味剂的科学评估结论均是：按照相关法规标准使用甜味剂，不会对人体健康造成损害。

我国《食品安全国家标准 食品添加剂使用标准》（GB 2760—2014）对允许使用的甜味剂品种以及使用范围和最大使用量都有具体规定。这些规定都是基于专家的科学风险评估结果制定的，只要按标准使用，是有安全保障的。

为积极响应《国民营养计划（2017—2030 年）》和"全民健康生活方式行

动"中关于"三减三健"专项行动的倡议,我们建议消费者培养吃动平衡的生活方式,提升健康素养,根据自身需求选择适合自己的食品。我们号召学界和媒体积极开展科学传播,帮助公众全面了解甜味剂。同时,也倡导食品生产企业通过创新为消费者提供更多元化的产品。希望全社会共同行动起来,响应"三减"倡议,促进公众健康水平的提高。

参 考 文 献

[1] LIVESEY G. Health potential of polyols as sugar replacers, with emphasis on low glycaemic properties[J]. Nutrition Research Reviews, 2003, 16(2): 163–191.

[2] NABORS L O. Regulatory status of alternative sweeteners[J]. Food Technology, 2007, 61 (5): 24–32.

[3] TEO G, SUZIKI Y, URATSU S, et al. Silencing leaf sorbitol synthesis alters long–distance partitioning and apple fruit quality[J]. Proceedings of the National Academy of Sciences of the United States of America, 2006, 103(49): 18842–18847.

[4] ORTIZ M E, BLECKWEDEL J, RAYA R R. Biotechnological and in situ food production of polyols by lactic acid bacteria[J]. Applied Microbiology and Biotechnology, 2013, 97(11): 4713–4726.

[5] MITCHELL, H . Sweeteners and sugar alternatives in food technology[M].Oxford: Wiley–Blackwell, 2006.

[6] KEUKENMEESTER R S, SLOT D E, ROSEMA N, et al. Effects of sugar–free chewing gum sweetened with xylitol or maltitol on the development of gingivitis and plaque: a randomized clinical trial[J]. International Journal of Dental Hygiene, 2014, 12(4): 238–244.

[7] QUALITIES N, BULLITIES Nnal Journal o. Improved postprandial response and feeling of satiety after consumption of low–calorie muffins with maltitol and high–amylose[J]. Journal of Food Science, 2007, 72(6): S407–411.

[8] GOMES C R, VISSOTTO F Z, FADINI A L, et al. Influence of different bulk agents in the rheological and sensory characteristics of diet and light chocolate[J]. Ciência e Tecnologia de Alimentos, 2007, 27(3): 614–623.

[9] THABUIS C, CAZAUBIEL M, PICHELIN M, et al. Short–term digestive tolerance of chocolate formulated with maltitol in children[J]. International Journal of Food Sciences and Nutrition, 2010, 61(7): 728–738.

[10] SON Y J, CHOI S Y, YOO K M, et al. Anti–blooming effect of maltitol and tagatose as sugar substitutes for chocolate making[J]. LWT – Food Science and Technology, 2018, 88: 87–94.

[11] SOMA, GHOSH, M, et al. A review on polyols: new frontiers for health–based bakery products [J]. International Journal of Food Sciences and Nutrition, 2011, 63(3): 372–379.

［12］PHIANMONGKHOL A, RONGKOM H, WIRJANTORO T I. Effect of fat replacer systems and maltitol on qualities of fat and calorie reduced dairy ice cream［J］. Chiang Mai University Journal of Natural Sciences, 2012, 11（1）: 193–204.

［13］DEIS R C, KUENZLE C E, THARP B W. Ice cream and ice cream formulations containing maltitol. US 7416754［P/OL］.［2008–08–26］（2021–2–10）. https://www. freepatentsonline.com/7416754.pdf.

［14］KADOYA S, FUJII K, IZUTSU K. Freeze–drying of proteins with glass–forming oligosac-charide–derived sugar alcohols［J］. International Journal of Pharmaceutics, 2010, 389（1–2）: 107–113.

［15］O'DONNELL K, KEARSLEY M W. Sweeteners and sugar alternatives in food technology ［M］. 2nd ed. Chichester, West Sussex: Wiley–Blackwell, 2012. file:///C:/Users/80158766/ AppData/Local/Temp/MicrosoftEdgeDownloads/5ee4e6a0–f477–4751–a658–4c73849633d6/ sweeteners–and–sugar–alternatives–in–food–technology–2012.pdf

［16］凌关庭. 食品添加剂手册［M］. 北京: 化学工业出版社, 2013.

［17］郑建仙. 功能性食品甜味剂［M］. 北京: 中国轻工业出版社, 1997.

［18］Heinonen I M. Lactitol and the maintenance of normal defecation: evaluation of a health claim pursuant to Article 13（5）of Regulation（EC）No 1924/2006［J］. EFSA Journal 2015, 13（10）: 4252.

［19］MAGNUSON B, BORDDUCK G A, DOULL J, et al. Aspartame: a safety evaluation based on current use levels, regulations, and toxicological and epidemiological studies［J］. Crit Rev Toxicol, 2007, 37: 629–727.

［20］CALORIE CONTROL COUNCIL. Consumer Products［A/OL］.（2021–2–10）.http://www. aspartame.org/about/consumer–products/.

［21］BUTCHKO H H, STARGEL W W, COMER C P, et al. Aspartame: review of safety［J］. Regulatory Toxicology and Pharmacology, 2002, 35: S1–93.

［22］MAKOTO, YAGASAKISHIN–ICHI, HASHIMOTO. Synthesis and application of dipeptides; current status and perspectives［J］. Applied Microbiology and Biotechnology, 2008, 81（1）: 13–22.

［23］KNIGHT I. The development and applications of sucralose, a new high–intensity sweetener ［J］. Canadian Journal of Physiology and Pharmacology, 1994, 72（4）: 435–439.

［24］GROTZ V L, MUNRO I C. An overview of the safety of sucralose［J］. Regulatory Toxicology and Pharmacology, 2009, 55（1）: 1–5.

［25］JENNER M R, SMITHSON A. Physicochemical properties of the sweetener sucralose［J］. Journal of Food Science, 2010, 54（6）: 1646–1649.

［26］GRICE H C, GOLDSMITH L A. Sucralose–an overview of the toxicity data［J］. Food and Chemical Toxicology. 2000, 38（Suppl. 2）: S1–6.

［27］CHATTOPADHYAY S, RAYCHAUDHURI U, CHAKRABORTY R. Artificial sweeteners-a review［J］. Journal of Food Science and Technology, 2014, 51（4）: 611-621.

［28］FRANCIS J F. Wiley Encyclopedia of food science and technology［M］. 2nd ed. New York: John Wiley & Sons, Inc.1999.

［29］United States Food and Drug Administration. Food Additive and Color Additive Petitions Under Review or Held in Abeyance［A/OL］.（2021-2-10）https://www.cfsanappsexternal.fda.gov/scripts/fdcc/index.cfm?set=FAP-CAP&id=FAP_2A3672

［30］HORNE J, LAWLESS H T, SPEIRS W, et al. Bitter taste of saccharin and acesulfame- K［J］. Chemical Senses, 2002（1）: 31-38.

［31］NABORS L O. Sweet choices: Sugar replacements for foods and beverages［J］. Food Technology, 2002, 56: 28-32, 45.

［32］American Dietetic Association. Position of the American Dietetic Association: use of nutritive and nonnutritive sweeteners［J］. Journal of the American Dietetic Association, 2004, 104: 255-275.

［33］GEUNS, J. Stevioside［J］. Phytochemistry, 2003, 64（5）: 913-921.

［34］FAO/WHO. Safety evaluation of certain food additives［M］. WHO Food Additives Series. Geneva: WHO, 2017.

［35］FAO. JECFA Monographs. Evaluation of certain food additives（Sixty-ninth report of the Joint FAO/WHO Expert Committee on Food Additives）［M］. WHO Technical Report Series, No., 2009.

［36］张宏, 李啸红. 罗汉果的药理作用和毒性研究进展［J］. 中国农学通报, 2011, 27（5）: 430-433.

［37］张俐勤. 低能量甜味剂罗汉果皂苷的分离、分析及其生物活性评价［D］. 武汉: 华中农业大学, 2004.

［38］鞠伟, 程云燕, 张健. 罗汉果研究概况综述［J］. 广西轻工业, 2001, 4: 4-6.

［39］李典鹏, 张厚瑞. 广西特产植物罗汉果的研究与应用［J］. 广西植物, 2000, 20（3）: 270-276.

［40］齐一萍, 唐明仪. 罗汉果果实的化学成分与应用研究［J］. 福建医药杂志, 2001, 23（5）: 158-160.

［41］MAKAPUGAY H C, DHAMMIKA N N P, SOEJARTO D D. High-performance liquid chromatographic amalysis of the major sweet principle of Lo Han Kuo Fruits［J］. Journal of Agricultura and Food Chemistry, 1985, 33（3）: 348-350.

［42］KASAI R, Nie RL, Nashi K, et al. Sweet cucurbitane-glycoside from fruits of Siraitia siamensis. a Chinese folk medicine［J］. Agricultural and Biological Chemistry, 1989, 53（12）: 3347-3349.

［43］FAO/WHO. Principles and methods for the risk assessment of chemicals in food［M］.

Geneva, Switzerland: World Health Organization (WHO) / International Programme on Chemical Safety (IPCS). 2009.

[44] DANIKA M, MARYSE D, ASHLEY R, et al. Low-/No-Calorie Sweeteners: a review of global Intakes[J]. Nutrients, 2018, 10(3): 357.

[45] MAGNUSON B A, CARAKOSTAS M C, MOORE N H, et al. Biological fate of low calorie sweeteners[J]. Nutrition Reviews, 2016, 74(11): 670-689.

[46] ADRIENNE L, CHEY W D. A systematic review of the effects of polyols on gastrointestinal health and irritable bowel syndrome[J]. Advances in Nutrition. 2017, 8(4): 587-596.

[47] Joint FAO/WHO Expert Committee on Food Additives. Toxicological evaluation of certain food additives and contaminants[M]. WHO food additives series, 1993.

[48] Commision of the European Communities. Report of the scientific committee for food Sixteenth Series[M].Luxembourg: Commision of the European Communities, 1985.

[49] O'MULLANE M F B, STANLEY G. Food Additives: Encyclopedia of Food Safety, Food Additives: Sweeteners[M]. Waltham: Academic Press, 2014.

[50] GROTZ V L, MUNRO I C. An overview of the safety of sucralose[J]. Regulatory Toxicology and Pharmacology, 2009, 55(1): 1-5.

[51] PRICE J M, BIAVA C G, OSER B L, et al. Bladder tumours in rats fed cyclohehylamine or high doses of a mixture of cyclamate and saccharin[J]. Science, 1970, 167: 1131-1132.

[52] SONDERS R C, KESTERSON J W, RENWICK A G, et al. Toxicological aspects of cyclamate and cyclohexylamine[J]. Critical Reviews in Toxicology, 1986, 16(3): 213-306.

[53] Scientific Committee on Food of the European Commission. Revised opinion of the Scientific Committee on Food on cyclamic acid and its sodium and calcium salts, SCF/CS/EDUL/192 final[M]. Brussels: SCF, 2000.

[54] TOYODA K, MATSUI H, SHODA T, et al. Assessment of the carcinogenicity of stevioside in F344 rats[J]. Food and Chemical Toxicology, 1997, 35(6): 597-603.

[55] HAGIWARA A, FUKUSHIMA S, KITAORI M, et al. Effects of three sweeteners on rat urinary bladder carcinogenesis initiated by N-butyl-N-(hydroxybutyl) nitrosamine[J]. GANN Japanese Journal of Cancer Research, 1984, 75(9): 763-768.

[56] FDA. GRAS Notice (GRN) No. 301[A/OL]. (2021-2-21).https://www.cfsanappsexternal.fda.gov/scripts/fdcc/index.cfm?set=GRASNotices&id=301.

[57] FDA. GRAS Notice (GRN) No. 556[A/OL]. (2021-2-21).https://www.cfsanappsexternal.fda.gov/scripts/fdcc/index.cfm?set=GRASNotices&id=556.

[58] GALLUS S, SCOTTI L, NEGRI E, et al. Artificial sweeteners and cancer risk in a network of case-control studies[J]. Annals of Oncology, 2007, 18(1): 40-44.

[59] F MANSERVISI, MORANDO S, MICHELA P, et al. Sucralose administered in feed beginning prenatally through lifespan, induces hematopoietic neoplasias in male Swiss mice [J]. International Journal of Occupational and Environmental Health. 2016, 22 (1): 7–17.

[60] BOSETTI C, GALLUS S, TALAMINI R, et al. Artificial sweeteners and the risk of gastric, pancreatic, and endometrial cancers in Italy [J]. Cancer Epidemiol Biomarkers & Prevention: a publication of the American Association for Cance Research, cosponsored by the American Society of Preventive Oncology, 2009, 18 (8): 2235–2238.

[61] GUERCIO B J, ZHANG S, NIEDZWIECKI D, et al. Associations of artificially sweetened beverage intake with disease recurrence and mortality in stage III colon cancer: Results from CALGB 89803 (Alliance)[J]. Plos ONE , 2018; 13 (7): e0199244.

[62] PASCALE A, MARCHESI N, MARELLI C, et al. Microbiota and metabolic diseases [J]. Endocrine, 2018, 61: 357–371.

[63] DAVID L A, MAURICE C F, CARMODY R N, et al. Diet rapidly and reproducibly alters the human gut microbiome [J]. Nature, 2014, 505 (7484): 559–563.

[64] CHEN H M, YU Y N, WANG J L, et al. Decreased dietary fiber intake and structural alteration of gut microbiota in patients with advanced colorectal adenoma [J]. American Journal of Clinical Nutrition, 2013, 97 (5): 1044–1052.

[65] SUEZ J, KOREM T, ZEEVI D, et al. Artificial sweeteners induce glucose intolerance by altering the gut microbiota [J]. Nature, 2014, 514 (7521): 181–186.

[66] MEYER S, RIHA W E. Optimizing sweetener blends for low–calorie beverages [J]. Food Technology Magazine, 2002, 56 (7): 42–45.

[67] BIAN X, CHI L, Bei G, et al. Gut microbiome response to sucralose and its potential role in inducing liver inflammation in mice [J]. Frontiers in Physiology, 2017, 8: 487.

[68] JOHNSON R K, LICHTENSTEIN A H, ANDERSON C, et al. Low–Calorie sweetened beverages and cardiometabolic health : a science advisory from the American Heart Association [J]. Circulation , 2018, 138 (9): e126–e140.

[69] THABUIS C, CHENG C Y, WANG X. Effects of maltitol and xylitol chewing–gums on parameters involved in dental caries development [J]. European Journal of Paediatric Dentistry Official Journal of European Academy of Paediatric Dentistry, 2013, 14 (4): 303–308.

[70] MÄKINEN K K. Sugar alcohols, caries incidence, and remineralization of caries lesions: A literature review [J]. International Journal of Dentistry, 2010, 1: 1–23.

[71] TWETMAN, SVANTE. Consistent evidence to support the use of xylitol– and sorbitol– containing chewing gum to prevent dental caries [J]. Evidence–Based Dentistry, 2009, 10 (1): 10–11.

[72] DESHPANDE A, JADAD A R. The impact of polyol–containing chewing gums on dental

caries[J]. The Journal of the American Dental Association, 2008, 139(12): 1602–1614.

[73] European Food Safety Authority(EFSA). Scientific Opinion on the substantiation of health claims related to intense sweeteners and contribution to the maintenance or achievement of a normal body weight, reduction of post–prandial glycaemic responses, maintenance of normal blood glucose concentrations, and maintenance of tooth mineralisation by decreasing tooth demineralisation pursuant to Article 13(1) of Regulation(EC) No 1924/2006[A/OL].(2021-2-21). https://doi.org/10.2903/j.efsa.2011.2229.

[74] MILLER P E, PEREZ V. Low–calorie sweeteners and body weight and composition: a meta–analysis of randomized controlled trials and prospective[J]. American Journal of Clinical Nutrition, 2014, 100(3): 765–777.

[75] ROGERS P J, HOGENKAMP P S, DE GRAAF K D, et al. Does low–energy sweetener consumption affect energy intake and body weight? A systematic review, including meta–analyses, of the evidence from human and animal studies[J]. International Journal of Obesity, 2015, 40(3): 381–394.

[76] International Sweeteners Association. Low calorie sweeteners: role and benefits a guide to the science of low–calorie sweeteners[A/OL].(2021-2-10). https://www.sweeteners. org/wp–content/uploads/2020/09/isa_booklet_september_2018.pdf

[77] AZAD M B, ABOU–SETTA A M, CHAUHAN B F, et al. Nonnutritive sweeteners and cardiometabolic health: a systematic review and meta–analysis of randomized controlled trials and prospective cohort studies[J]. Cmaj, 2017, 189(28): e929–939.

[78] SYLVETSKY A C, ROTHER K I. Nonnutritive sweeteners in weight management and chronic disease: a review[J]. Obesity, 2018, 26(4): 635–640.

[79] ANDRADE C. Cause versus association in observational studies in psychopharmacology [J]. Journal of Clinical Psychiatry, 2014, 75(8): e781–784.

[80] SIEVENPIPER J L, KHAN T A, HA V, et al. The importance of study design in the assessment of non–nutritive sweeteners and cardiometabolic health[J]. CMAJ, 2017, 189 (46): e1424–1425.

[81] MAKI K C, SLAVIN J L, RAINS T M, et al. Limitations of observational evidence: implications for evidence–based dietary recommendations[J]. Advances in. Nutrition, 2014, 5(1): 7–15

[82] SHANKAR P, AHUJA S, SRIRAM K. Non–nutritive sweeteners: Review and update[J]. Nutrition, 2013, 29(11–12): 1293–1299.

[83] BAGRAMIAN R A, GARCIA–GODOY F, VOLPE A R. The global increase in dental caries. A pending public health crisis[J]. American Journal of Dentistry, 2009, 22(1): 3–8.

[84] PETERSEN P E, BOURGEOIS D, OGAWA H. The global burden of oral diseases and risks

to oral health [J]. Bulletin of the World Health Organization, 2005, 83 (9): 661–669.

[85] ANTENUCCI R G, HAYES J E. Nonnutritive sweeteners are not supernormal stimuli [J]. International Journal of Obesity, 2015, 39 (2): 254–259.

[86] YALÇINOĞLU G. Oral and dental health [J]. Türk hemşireler dergisi, 1983, 33 (4): 41–42.

[87] MOYNIHAN P J, KELLY S. Effect on caries of restricting sugars intake: systematic review to inform WHO guidelines [J]. Journal of Dental Research, 2014, 93 (1): 8–18.

[88] World Health Organization . (WHO) .Guideline: Sugars intake for adults and children [A/OL]. (2021-2-10). http: //www.who.int/nutrition/publications/guidelines/sugars_intake/en/

[89] SELWITZ R H, ISMAIL A I, PITTS N B. Dental caries [J]. Lancet, 2007, 369 (9555): 51–59.

[90] TRAHAN, L. Xylitol: a review of its action on mutans streptococci and dental plaque—its clinical significance [J]. International Dental Journal, 1995: 45: 77–92.

[91] DESHPANDE A, JADAD A R. The impact of polyol-containing chewing gums on dental caries a systematic review of original randomized controlled trials and observational studies [J]. Journal of the American Dental Association, 2008, 139 (12): 1602–1614.

[92] MAKINEN K K, MAKINEN P L, PAPE H R, et al. Stabilisation of rampant caries: polyol gums and arrest of dentine caries in two long-term cohort studies in young subjects [J]. Internatioanl. Dental. Journal, 1995, 45 (1 suppl 1): 93–107.

[93] EDWARDSSON S, BIRKHED D, B MEJÀRE. Acid production from lycasin® maltitol, sorbitol and xylitol by oral streptococci and lactobacilli [J]. Acta Odontologica Scandinavica, 1977, 35 (5): 257–263.

[94] CLÉMENTINE T, CHENG C Y, et al . Maltitol and xylitol sweetened chewing-gums could modulate salivary parameters involved in dental caries prevention [J]. JBR Journal of Interdisciplinary Medicine and Dental Science, 2016, 4 (02): 1–8.

[95] MACIOCE V, IMFELD T, WANG X L, et al. Maltitol is safe for teeth in Europe and in China [C]. CED-IADR. 2011.

[96] IMFELD T. Identification of Low Caries Risk Dietary Components [J]. Monographs in Oral Science, 1983, 11 (11): 1–198.

[97] KEUKENMEESTER R S, SLOT D E, ROSEMA N et al . Effects of sugar-free chewing gum sweetened with xylitol or maltitol on the development of gingivitis and plaque: A randomized clinical trial [J]. International Journal of Dental Hygiene, 2014, 12 (4): 238–244.

[98] HAYES M L, ROBERTS K R. The breakdown of glucose, xylitol and other sugar alcohols by human dental plaque bacteria [J]. Archives of Oral Biology, 1978, 23 (6): 445–451.

［ 99 ］ SHAW J H. Inability of low levels of sorbitol and mannitol to support caries activity in rats ［ J ］. Journal of Dental Research, 1976, 55 (3): 376-382.

［ 100 ］ TRAHAN, L. Xylitol: a review of its action on mutans streptococci and dental plaque—its clinical significance ［ J ］. International Dental Journal. 1995, 45 (I): 77-92.

［ 101 ］ MAKINEN K K, SODERING E, ISOKANGAS P, et al. Oral biochemical status and depression of streptococcus mutans in children during 24- to 36-month use of xylitol chewing gum ［ J ］. Caries Research, 2009, 23 (4): 261-267.